REDUCE

Friedrich W. Hehl Volker Winkelmann
Hartmut Meyer

REDUCE

Ein Kompaktkurs über die Anwendung von Computer-Algebra

Zweite, unveränderte Auflage
Mit 10 Abbildungen

Springer-Verlag Berlin Heidelberg GmbH

Professor Dr. Friedrich W. Hehl
Dipl.-Phys. Volker Winkelmann*
Hartmut Meyer

Institut für Theoretische Physik, *Regionales Rechenzentrum, Universität zu Köln
D-50923 Köln

Die 1. Auflage erschien unter dem Titel: Computer-Algebra

ISBN 978-3-540-56705-9 ISBN 978-3-642-78227-5 (eBook)
DOI 10.1007/978-3-642-78227-5

Die Deutsche Bibliothek - CIP-Einheitsaufnahme.
Hehl, Friedrich W.:
REDUCE: ein Kompaktkurs über die Anwendung von Computer-Algebra
/ Friedrich W. Hehl; Volker Winkelmann; Hartmut Meyer
2., unveränd. Aufl. - Berlin; Heidelberg; New York; London;
Paris; Tokyo; Hong Kong; Barcelona; Budapest:
Springer, 1993
Frühere Aufl. u.d.T.: Hehl, Friedrich W.: Computer-Algebra

NE: Winkelmann, Volker:; Meyer, Hartmut:

Umschlaggestaltung: Konzept & Design, Ilvesheim
Satz: Reproduktionsfertige Vorlage der Autoren mit Springer TEX-Makros

56/3140 – 5 4 3 2 1 0 – Gedruckt auf säurefreiem Papier

Vorwort

Als ich vor ungefähr 30 Jahren begann, das Computer–Algebra–System REDUCE zu entwickeln, war mein Ausgangspunkt eine komplizierte analytische Rechnung in der Quantenelektrodynamik im Rahmen meiner Forschung. Diese Rechnung gelangte, mit Papier und Bleistift ausgeführt, bald an die Grenze des Machbaren. Deshalb wollte ich sie automatisieren, d.h. auf einen Computer „bringen". Heute hat sich Reduce längst von diesem Ausgangspunkt entfernt und stellt ein *allgemeines* Computer–Algebra–System dar, das in der Technik, der Chemie, der Physik, der Informatik und der Mathematik von zahlreichen Ingenieuren und Wissenschaftlern benutzt wird. Heutzutage sollte jede(r) Schüler(in) und Student(in), der (die) im technisch–naturwissenschaftlich–mathematischen Bereich ausgebildet wird, die Handhabung eines Computer–Algebra–Systems erlernen — und Reduce bietet sich als eines der international weit verbreiteten Systeme für einen solchen Zweck besonders an.

Die Herren Prof. Dr. Friedrich W. Hehl und Dipl.–Phys. Volker Winkelmann von der Universität zu Köln, mit denen ich schon länger in Kontakt stehe, besitzen langjährige Erfahrung in der Anwendung von Reduce; gleichfalls haben sie über die Jahre Vorlesungen und Übungen über Reduce abgehalten, durch die auch Hartmut Meyer, der dritte Autor, mit Computer–Algebra vertraut wurde. Daraus erwuchs dieses Lehrbuch, das eine Neubearbeitung der ursprünglich englischen Ausgabe darstellt. Zum Einstieg in Reduce ist es bestens geeignet, auch berücksichtigt es die neuesten Entwicklungen, da es auf der erst im Juli 1991 fertiggestellten und verbreiteten Version 3.4 von Reduce basiert.

Allen Benutzern von Reduce wünsche ich viel Vergnügen beim Durcharbeiten dieses Lehrbuches und vollen Erfolg.

Santa Monica, Kalifornien
Juni 1992

Dr. Anthony C. Hearn
(hearn@rand.org)

Vielen Dank

Die Idee, eine Vorlesung über Computer–Anwendungen in der Physik und verwandten Gebieten aufzubauen, hatte Professor Dietrich Stauffer, dem wir dafür und für die gute Zusammenarbeit herzlich danken. Ebenfalls möchten wir Jürgen Altmann, Thomas Pfenning und Andreas Strotmann für die Hilfe beim Lösen der Aufgaben und im Umgang mit Hard– and Software herzlich danken. Nicht weniger wichtig waren die Anregungen der Herren Doktoren Rüdiger Esser (Jülich), Anthony Hearn (Santa Monica), Stan Kameny (Van Nuys), Dermott McCrea (Dublin), Eckehard Mielke (Kiel), Eberhard Schrüfer (St. Augustin) und Thomas Wolf (Jena). Susanne Hehl sei herzlich für die Rohübersetzung unseres Kurses aus dem Englischen ins Deutsche gedankt.

Ebenfalls danken wir Professor Malcolm MacCallum und Dr. Francis Wright (beide London) für Vorabdrucke, die es uns gestatteten, mehrere Übungsaufgaben aus ihrem Reduce–Kurs [10] schon vor dessen Veröffentlichung zu entnehmen.

Wir danken den Rezensenten, die uns auf einige Fehler hinwiesen. Zudem wollen wir im voraus all jenen danken, die so freundlich sein werden, uns Fehler oder sonstige Ungereimtheiten in unserem Buch mitzuteilen. Unsere E–Mail–Adressen sind *hehl@thp.uni-koeln.de* bzw. *winkelmann@rrz.uni-koeln.de* .

Zur Auflockerung des Textes tragen die Karikaturen von Dr. Peter Scherer (Köln) und, in einem Fall, auch von R. O'Keefe (New York) bei. Wir sind beiden Herren für ihre Mitarbeit sehr verpflichtet.

Köln
Juni 1992

F. W. Hehl
V. Winkelmann
H. Meyer

Inhaltsverzeichnis

Einleitung 1

1 Erste Vorlesung 5

1.1 Eine erste interaktive Reduce–Sitzung 5
1.2 Was kann CA für Sie tun? 8
1.3 Der Reduce–Zeichensatz 10
1.4 Ganze, rationale und reelle Zahlen 12
1.5 Variablen und ihre Bezeichner 13
1.6 Ein Reduce–Programm — eine Abfolge von Befehlen 14
1.7 Ergebnisse auf Variablen zuweisen 15
1.8 Zugriff auf alte Ein– und Ausgaben 16
1.9 Hausaufgaben 17

2 Zweite Vorlesung 19

2.1 In Reduce eingebaute Operatoren 19
2.2 Reduce–Ausdrücke 22
2.3 Wie Reduce Ausdrücke auswertet 24
2.4 Schleifen für wiederholte Anweisungen 26
2.5 Schleifen und Listen 29
2.6 Mehrdimensionale Objekte: Felder 30
2.7 Hausaufgaben 31

3 Dritte Vorlesung 33

3.1 Die IF–Anweisung 33
3.2 Mehrere Anweisungen zusammenfassen: I. Gruppenanweisung 35
3.3 Mehrere Anweisungen zusammenfassen: II. Blockanweisung 36
3.4 Elementare mathematische Funktionen 38
3.5 Differentiation mit dem DF–Operator 39
3.6 Integration mit dem INT–Operator 40
3.7 Substitution mit SUB und Regel–Listen 41
3.8 Hausaufgaben 42

4 Vierte Vorlesung **45**

4.1 Operatoren, die auf Listen wirken 45
4.2 Jede Gleichung hat zwei Seiten 47
4.3 Lösen von (nicht–)linearen Gleichungen 47
4.4 Zerlegen von Polynomen und rationalen Funktionen 49
4.5 Den Programmablauf mit logischen Operatoren steuern 50
4.6 Mitteilungen schreiben 51
4.7 Wie Sie Ihre eigenen Operatoren definieren 52
4.8 Regel–Listen und LET–Anweisung 53
4.9 Hausaufgaben 56

5 Fünfte Vorlesung **57**

5.1 Regel–Listen aktivieren und deaktivieren 57
5.2 Mehr über Regel–Listen 58
5.3 Beispiele: Fakultät und Binomialkoeffizienten 58
5.4 Löschen selbstdefinierter Regeln 62
5.5 Kommutative, nichtkommutative, symmetrische und antisymmetrische Operatoren 64
5.6 Prozeduren für wiederholten Gebrauch von Befehlen 66
5.7 Eine Prozedur für die l'Hospital–Regel und ein Wort der Vorsicht . . 68
5.8 Hausaufgaben 69

6 Sechste Vorlesung **71**

6.1 Rechnen mit Matrizen 71
6.2 Schalter ein– und ausschalten 75
6.3 Ausdrücke umordnen 78
6.4 Ein– und Ausgaben in Reduce 80
6.5 Fortran–Programme erzeugen 82
6.6 Abschließende Bemerkungen 82
6.7 Hausaufgaben 83

7 Siebte Vorlesung **85**

7.1 Vektor– und Tensorrechnung 86
7.2 Pakete für 3–dimensionale Vektoralgebra und Vektoranalysis 87
7.3 Tensoranalysis, Christoffel–Symbole, Allgemeine Relativität 92
7.4 Das EXCALC–Paket für äußere Differentialformen 100
7.5 Grafikausgabe mit GNUPLOT 105
7.6 Hausaufgaben 112

Anhang

A Einige zusätzliche Übungsaufgaben 115

B Unterschiede zwischen Reduce 3.3 und Reduce 3.4 121

C Weitere Informationen zu Reduce 125

C.1 Wo können Sie Reduce kaufen? 126

C.2 Ausführungszeiten für den Reduce–Standardtest 129

D Literatur 131

Index 137

Einleitung

Wenn Sie auf einem Computer mit „Buchstaben“ anstatt mit Zahlen rechnen, wenn Sie etwa $(a + 27b^3 - 4c)^5$ ausmultiplizieren oder $\int 5x^2 \sin^3 x \, dx$ integrieren wollen, dann benutzen Sie „Computer–Algebra“ (CA). Für diesen Zweck brauchen Sie:

- Zugriff auf einen Computer, d.h. einen PC (Personal–Computer), einen Mini– oder einem Großcomputer;
- ein CA–System, wie Anthony Hearn's REDUCE, das auf dem von Ihnen benutzten Computer installiert sein muß;
- das Reduce–Handbuch zum Nachschlagen. Dieses Handbuch gehört selbstverständlich zum Lieferumfang von Reduce.

Und zu guter Letzt sollten Sie eine Einführung in die Benutzung des CA–Systems Reduce haben.

Das vorliegende Buch soll diesen Zweck erfüllen. Es erwuchs aus Vorlesungen über Reduce, die wir während der letzten 8 Jahre an der Kölner Universität für jeweils etwa 20 bis 30 Abiturienten oder Studienanfänger der Physik, Mathematik, Chemie und Biologie gehalten haben. Die Studenten[1] waren bezüglich CA echte Anfänger. Manche konnten noch nicht mit einem Computer umgehen. Die Vorlesungen fanden zumeist im Computer–Raum[2] der Physikalischen Institute statt: Ein oder zwei Studenten saßen vor einem Bildschirmgerät (Terminal) mit Tastatur, über welches man Reduce oder ein Programm zur Texterstellung („Editor") aufrufen konnte.

Üblicherweise erläuterten wir den Stoff zuerst in Vorlesungsform, mit eingeschobenen Pausen, die den Studenten erlaubten, Reduce auf „ihrem" PC aufzurufen und verschiedene einfache Befehle einzutippen. Dann führten wir einige Musterlösungen einfacher Aufgaben an der Tafel vor, bevor den Studenten (als Teil der Lehrveranstaltung) zum Einüben ähnliche Aufgaben gestellt wurden. Sie wurden alleine oder in Kleingruppen gelöst. Von uns abgesehen, hatten wir jeweils einen oder zwei Assistenten zur Verfügung, die den Studenten über die Schulter sahen und mit Ratschlägen halfen. Anschließend führten ein oder zwei Studenten ihre Lösungen an der Tafel vor. Auf diese Weise erstreckte sich jede „Vorlesung" über etwa drei bis fünf Stunden aktiver Arbeit, die durch unsere Erläuterungen unterbrochen wurde.

Nach jeder Vorlesung wurden Hausaufgaben verteilt, mit etwa fünf Aufgaben, die in der dazwischenliegenden Woche gelöst werden mußten. Alles in allem haben uns diese Kurse — und hoffentlich auch den Studenten — sehr viel Spaß gemacht. Nachher waren die Studenten stets in der Lage, mit Hilfe des Reduce–Handbuchs selbständig ihren Kenntnisstand zu erweitern.

Die meisten Beispiele und Aufgaben sind aus üblichen Mathematik– oder Physik–Lehrbüchern entnommen. Sie sind deshalb teilweise auch numerisch (mit Hilfe anderer Programmiersprachen) oder sogar im Kopf lösbar. Auf diese Weise waren die Beispiele zwar nicht immer maßgeschneidert, dafür aber natürlich motiviert und nicht künstlich konstruiert. Normalerweise setzten wir Reduce jedoch für Aufgaben ein, die in keiner direkten Weise mit Hilfe einer klassischen Programmiersprache angegangen werden können.

Diese sieben Vorlesungen setzen unbedingt voraus, daß Sie Zugang zu einem Computer haben, auf dem Reduce 3.4 läuft (oder eine ältere Version, in welchem Falle einige Befehle, die beschrieben werden, nicht ausführbar sein mögen — an den entsprechenden Stellen werden wir dies anmerken). Sie können dieses Buch zum *Selbststudium* benutzen, indem Sie die Anweisungen und Aufgaben, die wir angeben, selbst ausführen bzw. lösen. Schüler der *Sekundarstufe II* mit

[1] Keine Diskriminierung beabsichtigt: Also Abiturientinnen bzw. Abiturienten und Studentinnen bzw. Studenten.

[2] Die Computer–Ausstattung wurde mit Mitteln des *C*omputer–*I*nvestitions–*P*rogrammes (CIP) des Bundes finanziert.

mathematisch–naturwissenschaftlicher Orientierung sollten, wenn Sie Zugang zu Reduce[3] haben, auf keinerlei unüberwindbare Schwierigkeiten stoßen. Hochschulen, aber auch Schulen, sollten heute in der Lage sein, ein solches Softwarepaket anzuschaffen.

Reduce ist eines der international weit verbreiteten CA–Systeme. Es läuft sowohl auf einem PC, als auch auf größeren Computern[4]. Der Vollständigkeit halber sei erwähnt, daß es auch andere CA–Systeme gibt, wie z.B. Axiom, Derive, Macsyma, Maple, Mathematica, SAC–2 und Schoonschip, um nur die bedeutenderen Systeme zu erwähnen.

Für den Benutzer sehen diese verschiedenen CA–Systeme, mit Ausnahme von SAC–2 und Schoonschip, ziemlich ähnlich aus. Sobald Sie mit *einem* System umgehen können, sollten Sie mit Hilfe des entsprechenden Handbuches auch in der Lage sein, ein anderes System zu handhaben. Die „Konkurrenten" im Überblick:

Axiom (früher Scratchpad II) ist eine relativ neue Entwicklung von IBM, die sehr vielversprechend zu sein scheint, da die Datenstrukturen von Axiom flexibler als die der älteren Systeme sind. Axiom (genauer: sein Vorgänger Scratchpad) ist das erste objektorientierte CA–System. Axiom ist in Lisp geschrieben. Sein Nachteil ist, daß es derzeit im wesentlichen nur auf IBM Workstations vom Typ RS/6000 und *großen* IBM–Rechnern läuft.

Derive (Nachfolger von μ–Math), das kleinste CA–System, läuft, wie der Name des Vorläufers μ–Math verrät, auf „Micros", nämlich auf IBM–kompatiblen PC's. Trotz seiner Kompaktheit ist Derive recht leistungsfähig. Derive ist in Lisp programmiert. Seit Herbst 1991 steht Derive allen Gymnasien in Österreich für den Mathematikunterricht zur Verfügung.

Macsyma wurde ursprünglich am MIT (Massachusetts Institute of Technology) entwickelt und ist, wie Reduce, in der Sprache Lisp geschrieben. Es läuft auf LISP–Machinen der Firma Symbolics und auf DEC Rechnern, sowie in einer eingeschränkten Version auf vielen Unix–Workstations. Macsyma ist ein großes und gut ausgebautes speicherintensives System, das seit neuestem wieder gepflegt wird.

Maple stammt von der Universität Waterloo/Kanada und ist in der Sprache C geschrieben. Es ist auf zahlreichen Computern unter dem Betriebssystem Unix verfügbar. Maple besteht aus einem relativ kleinen Kern von ca. 20 000 Zeilen C–Code (Zum Vergleich: Der Kern von Mathematica besteht aus ca. 180 000 Zeilen C–Code). Der Rest des Systems ist in Maple–Code geschrieben und wird je nach Bedarf zugeladen. Dank dieses Konzepts ist Maple zum einen gut portierbar und zum anderen auch problemlos auf Multi–User–Systemen zu benutzen, was bei anderen CA–Systemen schon wegen ihres Bedarfs an Arbeitsspeicher kritisch ist.

---

[3] Eine preisgünstige Hardwareausstattung, die das Arbeiten mit Reduce erlaubt, ist ein Atari Mega STE mit Festplatte und Monitor für etwa 1800 DM. Das Atari–Reduce und der nötige Lisp–Interpreter kosten dann nochmals ca. 1000 DM (Bezugsquellen für Reduce finden Sie im Anhang C.1). Inzwischen kann man für ca. 3000 DM auch MS-DOS–kompatible PCs mit schnellen i386 oder i486 Prozessoren bekommen, dazu kommen natürlich noch die Kosten für Lisp und Reduce.

[4] z.B. im Konrad–Zuse–Zentrum für Informationstechnik in Berlin, wo Reduce auf einer Cray installiert ist.

Mathematica (eine Weiterenticklung von SMP) ist neueren Datums. Neben CA und Numerik bietet es die Möglichkeit, Ergebnisse als 2D– oder 3D–Grafiken darzustellen. Auch Mathematica ist in C geschrieben und ist unter anderem für Apple Macintosh, NeXT–Computer, IBM–kompatible PC's und Sun–Workstations erhältlich. Mathematica ist das erste CA–System, das konsequent vermarktet wurde.

SAC–2 ist ein nichtkommerzielles System und für wissenschaftliche Zwecke auf Anfrage erhältlich. Der SAC–2 Quell–Code ist ursprünglich in Aldes geschrieben. Inzwischen gibt es aber auch Implementierungen in C, Fortran, Lisp und Modula–2. Ähnlich wie bei Reduce kann derjenige, der in der Implementierungssprache des jeweiligen CA–Systems bewandert ist, aus dem Quelltext des Systems viel über die in CA–Systemen verwendeten Algorithmen erfahren.

Schoonschip ist ein älteres System, das hauptsächlich für Anwendungen in der Hochenergiephysik in Frage kommt (Berechnung von Feynman–Diagrammen). Es wurde ursprünglich für CDC–Computer entwickelt, läuft jetzt aber auch auf PCs (z.B. auf Atari ST). Dank der Tatsache, daß Schoonschip in Assembler geschrieben ist, ist es relativ schnell und kompakt.

In den letzten Monaten hat das in den Niederlanden entwickelte CA–System FORM unter Elementarteilchen–Physiker (die Feynman–Integrale massiver und massenloser Teilchen auswerten) und Mathematikern (Zahlentheoretiker) starke Beachtung gefunden. Ob sich dieses System aber durchsetzen wird, kann man heute noch nicht beurteilen.

Kapitel 1

Erste Vorlesung

„*Computer–Algebra* ist der Zweig der Informatik, der algebraische Algorithmen entwirft, analysiert, implementiert und anwendet.“[1]

„Unter einem *Algorithmus* versteht man eine in der Reihenfolge eindeutig festgelegte Folge von Anweisungen, die beschreiben, wie aus vorzugebenden Eingangsdaten die Lösung eines Problems berechnet wird. Einer Anweisung entspricht dabei meist eine elementare arithmetische oder logische Operation...“[2]

1.1 Eine erste interaktive Reduce–Sitzung

Angenommen, Sie hätten eine mathematische Aufgabe zu lösen, nämlich den Wert von

$$f = \lim_{x \to 0} \frac{x^3 \sin x}{(1 - \cos x)^2}$$

zu berechnen, d.h., $f = \lim_{x\to 0} z/n$ mit dem Zähler $z = x^3 \sin x$ und dem Nenner $n = (1 - \cos x)^2$. Durch Einsetzen finden Sie den undefinierten Wert 0/0. Vielleicht erinnern Sie sich an die l'Hospitalsche Regel, nach welcher man den Limes findet, indem man Zähler und Nenner so oft differenziert, bis man ein gültiges Ergebnis erhält. Also berechnen Sie $f = \lim_{x\to 0} z'/n'$, wobei der Strich die Ableitung nach x bezeichnet. Auch damit ergibt sich wieder 0/0. Also müssen Sie $f = \lim_{x\to 0} z''/n''$ berechnen, usw. Mit genügend Fleiß werden Sie schließlich ein wohldefiniertes f erhalten.

Um eine solche Aufgabe mit Hilfe des Computers zu lösen, sind „gewöhnliche“ Programmiersprachen wie C, Fortran oder Pascal sicher nicht die beste Wahl. Sie hätten wahrscheinlich etliche Probleme, wenn Sie versuchten, den l'Hospital–Algorithmus so auf einem Computer zu automatisieren — es sei denn, Sie benutzen ein Computer–Algebra–System, wie beispielsweise Reduce.

In Reduce können Sie z und z' wie folgt definieren:

```
z:=x**3*sin(x);
zstrich:=df(z,x);
```

[1] Dies ist die Definition von R. Loos in dem einführenden Kapitel der Monografie von B. Buchberger et al. [1] über Computer–Algebra.
[2] Siehe Vieweg Mathematik Lexikon [74].

Zuerst wird der Wert von `X**3*SIN(X)` der Variablen `Z` zugewiesen. Beachten Sie bitte, daß Sie weder das Multiplikationszeichen `*` weglassen, noch das Semikolon vergessen dürfen, das einen Befehl abschließt. Anschließend wird die Ableitung des Wertes von `Z` bezüglich `X` berechnet und dann einer neu definierten Variablen `ZSTRICH` zugewiesen. Also ist unser CA–System in der Lage, Ableitungen zu berechnen, im Gegensatz zu dem, was sein Name vermuten lassen könnte. Daher sprechen manche Leute lieber von „symbolischer Formelmanipulation".

Sie können mit Reduce interaktiv arbeiten oder mehrere Befehle mit Hilfe eines Editors in eine Datei schreiben, die dann von Reduce eingelesen und verarbeitet werden kann (Batch–Betrieb; engl. batch = Stapel). Um zu lernen wie Reduce arbeitet, geben Sie einen Befehl über die Tastatur ein, warten auf die Antwort des Computers, tippen den nächsten Befehl ein — vielleicht um den ersten zu berichtigen — warten auf die Antwort etc. Im Gegensatz dazu können Sie gut getestete Reduce–Programme, die aus hinreichend vielen Befehlen bestehen und lange Ausführungszeiten erfordern (bis in die Größenordnung von Stunden), im Batch–Betrieb ausführen lassen. Als Anfänger sollten Sie Reduce jedoch zuerst interaktiv benutzen. Auf den meisten Computern[3] starten Sie Reduce indem Sie

```
reduce
```

eingeben und die Return–Taste drücken. In Abhängigkeit von Ihrer lokalen Reduce–Implementierung kann sich der Aufruf des Programms auch leicht von der genannten Form unterscheiden. Für eine sinnvolle Arbeit mit Reduce sollte Ihr Computer einen Arbeitsspeicher von mindestens 1 MByte Größe haben. Es darf auch gern ein bißchen mehr sein. Ein Computer–Algebra–System ist eine sehr speicher– und rechenzeitintensive Anwendung, wie Sie — und auf einem Multi–User–Betriebssystem auch die anderen Benutzer — bald feststellen werden.

Das System sollte sich mit

```
REDUCE 3.4...

1:
```

melden.

Um die oben gestellte Aufgabe zu lösen, geben Sie jetzt nacheinander die folgenden Anweisungen ein:

```
z:=x**3*sin(x);
n:=(1-cos(x))**2;
f:=df(z,x)/df(n,x);
x:=0;
f;
```

Dabei wird jede Anweisung mit einem Semikolon abgeschlossen und mit der Return–Taste bestätigt. Als Reaktion auf die letzte Anweisung wird Reduce mit

[3]Beim Atari–Reduce klicken Sie das Programm `LISP.TTP` an und geben als Parameter `image=`*Ordnername* an, wobei *Ordnername* den Ordner bezeichnet, der die Reduce–Dateien enthält.

```
***** Zero divisor
```

antworten. Die Auswertung von F hat zu einem Fehler geführt, weil sich der Nenner von F zu Null ergab. Fehlermeldungen erkennen Sie stets an den fünf Sternen, die der eigentlichen Meldung vorausgehen. Kein Grund zu weinen; fahren Sie fort mit

```
clear x;
f:=df(z,x,2)/df(n,x,2);
x:=0;
f;
```

CLEAR X; löscht die erste Zuweisung X:=0. Das (optionale) dritte Argument des DF-Operators gibt an, wie oft der Ausdruck nach der angegebenen Variable differenziert werden soll; in diesem Fall soll die zweite Ableitung von Z bzw. N bezüglich X berechnet werden. Sie werden auch diesmal die Tränen unterdrücken — obwohl der Nenner von F immer noch 0 ist — und wenden die l'Hospitalsche Regel solange wiederholt an, bis Sie anstelle einer Fehlermeldung den gesuchten Grenzwert erhalten:

```
  .
  .
  .
clear x;
f:=df(z,x,4)/df(n,x,4);
x:=0;
f;
```

Nachdem Sie den Grenzwert gefunden haben (es gibt ihn!), verlassen Sie Reduce, indem Sie als letzte Anweisung

```
bye;
```

eingeben.

Später, in Abschnitt 5.7, werden wir auf dieses Beispiel zurückkommen. Mit Hilfe eines beliebigen Editors (auf einem Atari z.B. mit 1stWordPlus, nachdem Sie den Wort-Prozessor-Modus ausgeschaltet haben) können Sie die Anweisungen auch in eine Datei schreiben, die dann später in Reduce eingelesen und abgearbeitet werden kann. Eine entsprechende Datei könnte etwa wie folgt aussehen:

```
% Datei lhospit.rei vom 01.04.92
% Berechnung nach l'Hospital fuer x=0

clear x;
z:=x**3*sin(x);
n:=(1-cos(x))**2;
f:=df(z,x)/df(n,x);
x:=0;
```

```
f;
clear x;
f:=df(z,x,2)/df(n,x,2);
x:=0;
f;
clear x;
f:=df(z,x,3)/df(n,x,3);
x:=0;
f;
clear x;
f:=df(z,x,4)/df(n,x,4);
x:=0;
f;
clear x;
end;
```

Merken Sie sich bitte, daß eine Reduce–Eingabe–Datei immer mit dem Befehl `END;` abgeschlossen werden sollte. Wir haben die Datei `LHOSPIT.REI` genannt, unsere Erweiterung `REI` bezeichnet eine *RE*duce *I*nput–Datei (engl. input = Eingabe). Den Teil einer Zeile nach einem Prozentzeichen `%` faßt Reduce als Kommentar auf. Kommentare, die länger als eine Zeile sind, müssen entweder in jeder Zeile mit `%` als solche gekennzeichnet sein oder durch die `COMMENT`–Anweisung eingeleitet werden. Ein mit `COMMENT` begonnener Kommentar endet für Reduce erst mit dem nächsten Semikolon. Sie können die Datei durch den Befehl

```
in "lhospit.rei";
```

oder durch `IN LHOSPIT.REI;` einlesen, je nachdem, welches Reduce–System Sie benutzen. Nach jeder Fehlermeldung unterbricht Reduce die Arbeit und fragt

```
CONT? (Y or N)
```

Wenn Sie weitermachen und den Grenzwert finden wollen, tippen Sie `Y` für *yes* ein.
Übung: Berechnen Sie mit Hilfe der l'Hospitalschen Regel den Wert von

$$\lim_{x\to 0} \frac{e^{ax} - e^{bx}}{log(1+x)} .$$

Die Exponential–Funktion wird in Reduce durch `EXP()`, der natürliche Logarithmus durch `LOG()` dargestellt.

1.2 Was kann CA für Sie tun?

Aus dem Reduce–Handbuch können wir entnehmen, daß Reduce unter anderem die folgenden Fähigkeiten besitzt:

- Ausmultiplizieren und Umordnen von Polynomen und rationalen Funktionen, Faktorisierung von Polynomen;

- Vereinfachung von Ausdrücken, Durchführung von Substitutionen;
- Differentiation und Integration;
- Matrizenrechnung;
- Wahlweise exakte Ganzzahl- oder genäherte Gleitkomma–Arithmetik;
- Verwendung von eingebauten und selbstdefinierten Funktionen;
- Lösen von linearen Gleichungssystemen;
- Lösen von nichtlinearen algebraischen Gleichungen;
- Berechnungen mit äußeren Differentialformen (Cartanscher Kalkül);
- „Schnittstelle“ zu den klassischen Programmiersprachen C, Fortran und Pascal;
- Programmierbarkeit (z.B. Prozeduren für wiederholten Gebrauch von Befehlsfolgen);
- ein Zusatz–Paket für die Hochenergie–Physik mit Dirac–Matrizen zum Berechnen von Feynman–Diagrammen (deswegen begann A.C. Hearn mit der Entwicklung von Reduce);
- Bestimmung von Lie–Symmetrien partieller Differentialgleichungen.

Um Ihnen einen Eindruck vom Reduce–Befehlssatz zu vermitteln, folgt eine kleine Reduce–Sitzung von meist unzusammenhängenden Befehlen. Geben Sie die folgenden Zeilen ein und beobachten Sie, wie das System reagiert:

```
% um einen Eindruck davon zu gewinnen, wie Reduce arbeitet:
clear u,y,x,z;
(x+y)**2;
(x+y)**17;

a:=(x+y)**2;
b:=(u+z)**2;
c:=a*b;
on gcd;                % Schalter zum Kuerzen gemeinsamer Ausdruecke
                       %   in Zaehler und Nenner ist "an"
off exp;               % Schalter zum Ausmultiplizieren ist "aus"
c;
df(c,x);
df(c,z,3);

d:=df((sin x)**9,x);
for all x,y let sin(x)*cos(y) = (sin(x-y)+sin(x+y))/2;
                              % Regel fuer sin*cos
d;

for l:=1:50 sum l;            % Mit einer FOR-Schleife loesen wir,
for l:=1:100 product l;       % was Gauss als Schulanfaenger tat.

int((sin x)**9,x);            % Integration
```

```
matrix m(3,3);
m:=mat((1,2,3),
       (4,5,6),
       (5,7,8));
det m;                          % Determinante der Matrix m
1/m;                            % das Inverse der Matrix m

solve(x**3-3*x**2-61*x+63,x);   % bestimmt die Nullstellen

procedure fakultaet (k);        % Definieren einer eigenen Prozedur
   for l:=1:k product l;        % der Prozedurkoerper

fakultaet(16);                  % Wir berechnen 16!

operator log2;                  % Wir definieren eine eigene Funktion
let log2(2) = 1;                % eine Regel dazu
log2(2)*log2(3);                % Hat Reduce dies verstanden?
bye;
```

So viel zu einer kurzen Beispiel–Sitzung. Diejenigen von Ihnen, die bereits Erfahrung mit einer anderen Programmiersprache wie C, Fortran oder Pascal gemacht haben, werden die Ähnlichkeiten zu diesen Sprachen erkennen.

Wie alle Programmiersprachen ist auch Reduce aus einigen Basiselementen aufgebaut, hier aus Zahlen, Variablen, Operatoren usw. Daraus können wir Reduce–Anweisungen und Ausdrücke konstruieren. Für den Rest dieses Kapitels werden wir uns einigen dieser Basiselemente zuwenden — die übrigen werden wir in Kapitel 2 behandeln.

1.3 Der Reduce–Zeichensatz

Der Reduce–Zeichensatz, also die Menge der Zeichen, die in Reduce verwendet werden können, ist dreifaltig:

- die 26 Buchstaben des lateinischen Alphabetes, `A,B,C...Z`. Die meisten Reduce–Systeme erlauben Klein– und Großbuchstaben, unterscheiden zwischen ihnen aber nicht, d.h. `H` und `h` haben die gleiche Bedeutung für Reduce;[4]
- die zehn Dezimalziffern von `0` bis `9`. Buchstaben und Ziffern zusammengenommen nennt man alphanumerische Zeichen;
- die Sonderzeichen
  - `+` plus
  - `-` minus
  - `*` mal
  - `/` geteilt durch

[4]Wir empfehlen Ihnen, alle Eingaben in Kleinbuchstaben zu schreiben. Da Reduce immer mit Großbuchstaben antwortet, fällt es so hinterher leicht, die Eingaben von den Ausgaben zu unterscheiden.

= gleich

< kleiner als

> größer als

(Klammer auf

) Klammer zu

{ geschweifte Klammer auf

} geschweifte Klammer zu

$ Dollarzeichen, beendet einen Befehl; das Ergebnis wird nicht ausgegeben

; Semikolon, beendet einen Befehl; das Ergebnis wird ausgegeben

: Doppelpunkt, tritt in Schleifen und Zuweisungen auf, sowie bei Marken

~ Tilde, wird in Regel–Listen benutzt

! Ausrufezeichen, wird als Fluchtzeichen benutzt, siehe Abschnitt 1.5

"Hier ist das neue REDUCE-Update auf Festplatte"

- `"` Anführungsstriche, markieren den Anfang und das Ende einer Zeichenkette
- `%` Prozent, markiert den Rest einer Zeile als Kommentar
- `'` Apostroph, eine Lispfunktion (quote) — wird hier nicht gebraucht
- `.` Punkt, bezeichnet eine bestimmte Operation in LISP, tritt auch bei Gleitkommazahlen und im Hochenergie–Paket auf
- `,` Komma, wird als ein Trennzeichen benutzt
- `|` Senkrechtstrich (engl. vertical bar) `_` Unterstrich (engl. underscore) `^` Dach (engl. hat) `@` Klammeraffe (engl. at) werden im Reduce–Zusatzpaket Excalc für äußere Differentialformen gebraucht (siehe Abschnitt 7.4).

Übrigens stellen bei Reduce einige Kombinationen von zwei Sonderzeichen einen einzigen Operator dar. So heißt etwa `**` „hoch“, `<=` „kleiner gleich“, `>=` „größer gleich“, `:=` „wird gesetzt auf“ und `=>` „wird zu“ (siehe Regel–Listen). Am Anfang einer Gruppenanweisung steht `<<` und am Ende `>>`, um nur die wichtigsten Beispiele zu nennen.

1.4 Ganze, rationale und reelle Zahlen

Reduce kennt verschiedene Zahlentypen:

- Ganze Zahlen, wie `1992`, `-273`, `+20`. Das Bemerkenswerte an Reduce ist, daß ganze Zahlen in ihrer Länge quasi unbegrenzt sind[5]. Reduce ist ein ideales Hilfsmittel, um mit großen ganzen Zahlen exakt umzugehen. In der Praxis ist die Stellenzahl nur begrenzt durch die Größe des Arbeitsspeichers, die Ihnen zur Verfügung stehende CPU–Zeit[6] und natürlich durch Ihre Geduld.
- Rationale Zahlen als Quotienten zweier ganzer Zahlen, wie `2/3`, `-19777/2222`, `+5/11`.
- Reelle Zahlen, genähert durch Gleitkommazahlen mit einem Dezimalpunkt: `0.34`, `-456.7898E-2`, `0.00478E3`. Die zweite und die dritte Zahl stellen $-456.7898 \times 10^{-2} = -4.567898$ bzw. $0.00478 \times 10^{3} = 4.78$ dar. Achten Sie darauf, daß dem Dezimalpunkt immer eine Ziffer vorausgeht und eine folgt, d.h. `0.5` ist erlaubt, nicht jedoch `.5` oder `2.` .
- Komplexe Zahlen, wie etwa `5-I*8/9`, `- 68+48*I`, mit `I` als imaginärer Einheit.

Geben Sie `5**65 * 2**102;` ein, und nach einiger Zeit werden Sie sehen, wie eine wirklich große Zahl aussieht. Beachten Sie, daß rationale Zahlen und Gleitkommazahlen nicht gleichzeitig benutzt werden können[7].

---

[5] Tatsächlich ist dies eine Eigenschaft des zugrundeliegenden Lisp–Systems.

[6] Zentralprozessor = CPU (engl. central processing unit).

[7] Wenn Sie den Gleitkomma–Schalter einschalten, indem Sie (ab Version 3.4) `ON ROUNDED;` (bei älteren Versionen `ON FLOAT;`) eingeben, dann wandelt Reduce alle Zahlen in Gleitkommazahlen um. Sie können auf die Ganzzahl–Arithmetik mit Hilfe des Befehls `OFF ROUNDED;` (bzw. `OFF FLOAT;`) zurückgehen (siehe Abschnitt 6.2).

1.5 Variablen und ihre Bezeichner

In der CA wollen wir nicht nur mit Zahlen rechnen, sondern wir sind auch daran interessiert algebraische Ausdrücke, Reihen, Integrale usw. auszuwerten. Dafür benötigen wir Variablen.

In Reduce sind die sogenannten Bezeichner aus einem oder mehreren alphanumerischen Zeichen zusammengesetzt. In Reduce 3.4 kann zusätzlich auch der Unterstrich _ (engl. underscore) benutzt werden. Dabei muß das erste Zeichen ein Buchstabe sein. Andere Zeichen dürfen verwendet werden (sogar als erstes Zeichen), vorausgesetzt, das Fluchtzeichen ! steht jeweils davor. Einem Leerzeichen innerhalb eines Bezeichners muß das Fluchtzeichen vorangehen. Außerdem darf ein Bezeichner nicht über eine Zeile hinausgehen. Gültige Bezeichner sind beispielsweise:

```
v   columbus   sex_appeal   energy!-momentum

!2old   !7!-up   r2d2   c3po   !'t! hooft
```

Solche Bezeichner können in Reduce benutzt werden, um Variablen zu benennen. Bezeichner können ebenso Marken (welche bestimmte Stellen in einer zusammengesetzten Anweisung markieren), Felder, Operatoren, Prozeduren, Regel–Listen usw. benennen.

Einige Namen können nicht als Bezeichner verwendet werden, obwohl Sie allen genannten Bedingungen genügen. Das sind solche Namen, die in Reduce bereits reserviert sind:

`PI` ist die Kreiskonstante 3.1415926535... . Normalerweise ist `PI` nur ein Platzhalter für π. Wenn Sie aber den Schalter `ROUNDED` mit `ON ROUNDED;` einschalten, dann wird sein Zahlenwert als Gleitkommazahl von Reduce eingesetzt.

`E` ist die Euler–Zahl, die Basis des natürlichen Logarithmus. Den Wert von `E` erhalten Sie mit `ON ROUNDED; E;`

`I` ist die imaginäre Einheit, d.h. die Quadratwurzel von -1, also `I**2` $\equiv -1$. Als Schleifenvariable, z.B. in `FOR I:=1:50 SUM I;` darf `I` benutzt werden. Die imaginäre Einheit kann innerhalb dieser Schleife dann allerdings nicht mehr benutzt werden. Auf dem „Top Level" von Reduce, d.h. außerhalb von Kontrollstrukturen oder Prozeduren, ist jedoch auch `I` ein reservierter Bezeichner.

Schließlich gibt es die Wahrheitswerte logischer Ausdrücke als reservierte Variablen, nämlich

`T` bzw. `TRUE` (engl. true = wahr)

`NIL` (engl. nil = falsch, nichts)

Tatsächlich gibt es noch mehr reservierte Bezeichner. Eine entsprechende Liste finden Sie im Appendix A des Reduce–Handbuches [9].

1.6 Ein Reduce–Programm — eine Abfolge von Befehlen

Jeder *Befehl* muß durch ein Semikolon oder ein Dollarzeichen abgeschlossen werden. Diese Abschlußzeichen (engl. terminator, hat nichts mit Schwarzenegger zu tun) veranlassen Reduce, den jeweiligen Befehl auszuwerten. Der Befehl

```
n:=df(x**3*sin(x),x);
```

bedeutet: Werte die Anweisung `N:=DF(X**3*SIN(X),X)` aus, d.h. berechne die Ableitung des Ausdruckes `X**3*SIN(X)` bezüglich `X`, weise das Ergebnis der Variablen `N` zu und gib das Ergebnis aus.

Anweisungen sind entweder Ausdrücke (die später im Detail erläutert werden) oder komplexere Kontrollstrukturen:

```
a:=b
if a=b then write "gleich"
c:=k*(g:=9**7)
```

Ebenso sollten Deklarationen (engl. declare = erklären) und Schalter–Operationen als Anweisungen angesehen werden:

```
operator riemann
on div
```

Solche Anweisungen kamen in unserer Beispiels–Sitzung vor. `ON DIV` schaltet den Divisions–Schalter an. Er erzwingt, daß einfache Faktoren aus dem Nenner eines Ausdrucks in den Zähler multipliziert werden (siehe Abschnitt 6.2). `RIEMANN` wird als Operator deklariert und möge eine mathematische Funktion darstellen. Um aus Anweisungen einen Befehl zu machen, müssen sie durch ein Semikolon oder Dollarzeichen abgeschlossen werden, weshalb wir oben bewußt auf diese Zeichen verzichtet haben.

Als eine Eigenschaft, die von der zugrundeliegenden Sprache Lisp übernommen wurde, besitzt jede Anweisung einen ihr zugeordneten Wert (die fortgeschrittenen Studenten sollten sagen, daß „jede Anweisung zu einem Wert evaluiert"), der sich durch Auswertung (engl. evaluate = auswerten) der Anweisung ergibt. Daher können mehrere Anweisungen mit Hilfe von Operatoren wie `+`, `-`, `*`, `/`, `**` usw. zu einer neuen Anweisung kombiniert werden.

Der Wert der Anweisung `N:=DF(X**3*SIN(X),X)` ist für uns interessant. Jedoch ist es uns gleichgültig, zu was `ON DIV` evaluiert. Der „Nebeneffekt" dieser `ON DIV`–Anweisung, d.h. das Herausmultiplizieren von einfachen Faktoren aus dem Nenner (bei späteren Berechnungen), ist für uns wichtig. Der *Wert* dieser Anweisung ist hierbei irrelevant.

Falls das Abschlußzeichen einer Anweisung ein Semikolon ist, wird der Wert der Anweisung normalerweise ausgedruckt. Falls wir jedoch die Ausgabe des Ergebnisses unterdrücken wollen, benutzen wir das Dollarzeichen anstelle des Semikolons.

1.7 Ergebnisse auf Variablen zuweisen

In allen Programmiersprachen ist es wichtig, Ergebnisse vorübergehend zu speichern. Dafür gibt es in Reduce die *Zuweisung* (:= gesprochen „wird gesetzt auf“):

Ausdruck$_1$:= Ausdruck$_2$;

Denken Sie daran, daß das Semikolon Teil eines Befehls, nicht aber Teil einer Anweisung ist. Oft ist *Ausdruck*$_1$ nur eine Variable, so wie in den Beispielen

```
clear g,h,x$
a:=(g+h)**3;
d:=(1-sin(x))**2;
f:=a/df(d,x,2);
x:=0;
f:=f;
```

Bei einer Zuweisung durch := wird zuerst der Ausdruck auf der rechten Seite des Zuweisungs-Operators ausgewertet. Danach wird der so gefundene Wert des rechten Ausdrucks dem *nicht* evaluierten Ausdruck auf der linken Seite zugewiesen. Der Wert der Zuweisung — wie gesagt, jede Anweisung hat einen Wert — ist der Wert der rechten Seite. Folglich kann die Zuweisungs-Anweisung auch innerhalb eines komplexeren Ausdruckes verwendet werden:

```
sin(a:=pi/2);
a;
```

In diesem Beispiel wird der Wert von `PI/2` der Variablen `A` zugewiesen. Danach wird der Wert von `A` als Argument an den Operator `SIN` weitergegeben.

Beispiel: Beweisen Sie durch vollständige Induktion, daß

$$1^4 + 2^4 + 3^4 + ... + n^4 \equiv \sum_{k=1}^{n} k^4 = \frac{n^5}{5} + \frac{n^4}{2} + \frac{n^3}{3} - \frac{n}{30}.$$

```
% 1**4 + 2**4 + 3**4 + 4**4 +...+ n**4          (x)

clear n,k$
s:=n**5/5+n**4/2+n**3/3-n/30;% allg. Formel (y) fuer (x)

n:=1;                        % (y) ist richtig fuer n=1,
s;                           % da s --> 1, siehe (x)

n:=k;                        % (y) soll fuer n=k richtig sein
sk:=s;                       % s fuer n=k

n:=k+1;                      % in (y) setzen wir n=k+1
skplus1:=s;                  % s fuer n=k+1

skplus1-sk-(k+1)**4;         % die Differenz der beiden Reihen
                             % muss (k+1)**4 betragen, siehe (x)
```

1.8 Zugriff auf alte Ein– und Ausgaben

Wenn wir wissen wollen, welche Befehle wir bereits von Reduce ausführen ließen, dann können wir mit

```
display all;
```

ein Input–Protokoll ausgeben lassen. Die Befehle sind in derselben Reihenfolge durchnumeriert, wie sie eingegeben wurden. Sind wir jedoch nur an den letzten vier Befehlen interessiert, so hilft

```
display(4);
```

Den Befehl 2 können wir folgendermaßen nochmals ausführen zu lassen, ohne ihn von neuem eintippen zu müssen:

```
input(2);
```

`INPUT` kann auch direkt innerhalb neuer Befehle verwendet werden:

```
5*input(2)+13;
log(input(7));
```

In analoger Weise kann man auf den Output etwa des Befehls 2 zugreifen

```
ws(2);
```

(engl. *w*ork*s*pace = Arbeitsspeicher) bzw. ihn in neuen Anweisungen benutzen. Um das letzte Ergebnis zu bekommen, reicht es aus, `WS` ohne Argument zu benutzen, wie etwa in

```
df(ws,x);
```

Mit

```
saveas pp;
```

wird der Wert des zuletzt ausgeführten Befehls der Variablen `PP` zugeweisen. Damit kann man eine Zuweisung, die man vergaß, ohne Neuberechnung eines vielleicht sehr komplizierten Ausdrucks nachholen. Bei Bedarf kann man dann später `PP` wieder aufrufen bzw. weiter verarbeiten.

In der Praxis sind diese Befehle sehr nützlich, immerhin können sie Ihnen das erneute Eintippen von früheren Ein– und Ausgaben ersparen.

1.9 Hausaufgaben

1. Welchen Wert besitzt der Term
$$a(a+2)+c(c-2)-2ac\,,$$
wenn $a-c=7$ ist? (Aus J. Lehmann, Mathematik — von der Pflicht zur Kür, Aulis, Köln 1988.)
2. Beweisen Sie durch vollständige Induktion, daß
$$\sum_{k=2}^{n}\frac{1}{(k-1)k}=\frac{n-1}{n}$$
und
$$\sum_{k=1}^{n}\frac{1}{k(k+1)(k+2)}=\frac{n(n+3)}{4(n+1)(n+2)}$$
gelten.
3. Berechnen Sie die Nullstellen des quadratischen Polynoms
$$ax^2+bx+c=0\,.$$
Der Reduce–Operator für die positive Quadrat–Wurzel ist `SQRT`; dies bedeutet, daß etwa der Ausdruck `SQRT(X**2+2*X+1)` zu `X+1` evaluiert. Setzen Sie die folgenden Werte für die Koeffizienten (a, b, c) ein: (1, 1, 1), (1, 1, −3), (7, 1, −3), (7, −5, −3) und (7, −5, 3). (Hinweis: Benutzen Sie die allgemeine Lösung $x_{1,2}=\left(-b\pm\sqrt{b^2-4ac}\right)/2a$.)

Bemerkung: Nun, da Sie Ihre ersten Hausaufgaben machen, ist es interessant zu wissen, wieviel CPU–Zeit Ihr Computer für die Ausführung eines bestimmten Reduce–Programmes braucht. Um Ihnen einen Anhaltspunkt für die Größenordnung zu geben, sind in der Tabelle in Anhang C.2, die im wesentlichen von der RAND Corporation stammt, die CPU–Zeiten für den Reduce–Standardtest, `REDUCE.TST`, für verschiedene Rechner angegeben.

Die Antwort–Zeit des Rechners hängt bei Multi–User–Betriebsystemen natürlich von der momentanen Auslastung des Rechners ab und ist im Zweifelsfall erheblich höher als die CPU–Zeit.

Kapitel 2

Zweite Vorlesung

Wir haben bereits gezeigt, daß ein Reduce–Programm aus einer Folge von einzelnen Befehlen aufgebaut ist. Jeder Befehl setzt sich dabei aus einer Anweisung und einem Abschlußzeichen (engl. terminator) zusammen. Als Abschlußzeichen wählen wir entweder ein Semikolon, falls der Wert der Anweisung ausgegeben, oder ein Dollarzeichen, falls die Ausgabe unterdrückt werden soll. Anstelle einer einfachen Anweisung können aber auch eine oder mehrere „Kontrollstrukturen" auftreten, die ihrerseits wiederum Ausdrücke oder Anweisungen enthalten.

Um mathematische Formeln manipulieren zu können, ist es wichtig zu wissen, wie Reduce–Ausdrücke aufgebaut sind, da durch sie in Reduce mathematische Formeln dargestellt werden. Eine mathematische Funktion etwa wird in Reduce durch einen Operator beschrieben. Er wirkt — ganz wie eine Funktion — in einer definierten Weise auf seine Argumente. Die Argumente ihrerseits sind wiederum normale Reduce–Ausdrücke (siehe Abschnitt 2.2).

2.1 In Reduce eingebaute Operatoren

In der ersten Vorlesung hatten wir bereits die arithmetischen Operatoren `+` (plus), `-` (minus), `*` (mal), `/` (geteilt) und `**` (hoch) kennengelernt, um Ausdrücke wie $(x+y)^2$ oder $x - x^3 \sin x$ in Reduce als `(X+Y)**2` bzw. `X-X**3*SIN X` darzustellen. Die Operatoren `+`, `-`, `*`, `/` und `**` stehen dabei zwischen ihren Argumenten, weshalb sie als *Infix*–Operatoren bezeichnet werden. Dagegen wird der Reduce–Operator `SIN` vor sein Argument gestellt, weshalb man einen solchen Operator als *Präfix*–Operator bezeichnet. Jeder Reduce–Operator gehört einer dieser beiden Klassen an.

Es folgen einige Beispiele von Infix–Operatoren (die Leerzeichen sind nicht notwendig, sie dienen lediglich der besseren Lesbarkeit):

```
(u + v) * (y - x) / 8
(a > b) and (c < d)
```

Folgende Infix–Operatoren sind stets in Reduce vorhanden:

```
:=  +  -  *  /  **  ^  =  neq  >  >=  <=  <  and  or  not  where
```

NEQ bedeutet ungleich (engl. not equal). Das Dach ^ kann anstelle von ** benutzt werden[1]. Der Operator WHERE wird ab Reduce 3.4 in Substitutionsausdrücken verwendet (vgl. Abschnitt 3.7). Die Zeichenfolge := , der Zuweisungsoperator (gesprochen „wird gesetzt auf"), ist ein Infix–Operator, der den Wert des Ausdruckes auf der rechten Seite (sein zweites Argument) der Variablen auf der linken Seite (seinem ersten Argument) zuweist. Die relationalen und die logischen (oder Booleschen) Operatoren

```
=   neq   >   >=   <=   <   and   or   not
```

werden gebraucht, um logische Ausdrücke aufbauen zu können, d.h. Ausdrücke mit einem Wahrheitswert T (wahr, engl. true) oder NIL (falsch, engl. nil = nichts, null). Diese logischen Ausdrücke sind allerdings nur in IF–, WHILE–, REPEAT– und LET–Anweisungen sowie Regel–Listen erlaubt. Die Vergleichs–Operatoren > >= <= < können nur Zahl–Ausdrücke miteinander vergleichen (also Ausdrücke, die ausgewertet Zahlen ergeben), denn der Vergleich von beliebigen Polynom–Ausdrücken ergäbe keinen Sinn.

Präfix–Operatoren stehen immer vor ihren Argumenten. Die Argumente werden geklammert und, falls mehrere vorhanden, durch Kommata getrennt:

```
cos(x)
int(cos(x),x)
factorial(8)
```

Die Klammern können weggelassen werden, wenn der Operator nur ein Argument besitzt (man spricht dann von einem unären Operator). Achten Sie aber darauf,

[1]Wir benutzen immer **, da das Dach unter anderem vom Excalc–Paket als äußeres Produkt–Zeichen redefiniert wird und damit eine andere Bedeutung bekommt.

daß ungeklammerte Argumente durch ein Leerzeichen vom Operator getrennt sein müssen:

`cos(x)`	erlaubte Schreibweise `cos x` (das Leerzeichen ist notwendig)
`cos(sin(x))`	erlaubte Schreibweise `cos sin x`

In Reduce–Ausdrücken haben die unären Operatoren, also Operatoren mit nur einem Argument, wie `SIN`, `COS` oder `LOG`, Vorrang vor den Infix–Operatoren. Dies bedeutet, daß Reduce einen Ausdruck wie `COS A*B` immer als `(COS(A))*B` interpretiert. Im Zweifel sollten Sie daher immer Klammern verwenden, um Fehler in Ihrem Reduce–Programm zu vermeiden.

Die folgenden mathematischen Funktionen sind in Reduce als Präfix–Operatoren bereits vorhanden:

```
 sin       *sind      cos      *cosd      tan      *tand
 cot       *cotd     *sec      *secd     *csc      *cscd
 asin      *asind     acos     *acosd     atan     *atand
*acot      *acotd    *asec     *asecd    *acsc     *acscd
 sinh       cosh      tanh     *coth     *sech     *csch
 asinh      acosh     atanh    *acoth    *asech    *acsch
 sqrt       exp      *ln        log      *log10    *logb
 dilog      erf       expint   *cbrt      abs      *hypot
*factorial
```

Ein abschließendes `D` im Bezeichner einer Winkelfunktion bedeutet, daß dieser Operator sein Argument in Grad (engl. Grad = degree) erwartet. `LOG` stellt den natürlichen Logarithmus dar (genauso wie `LN`, allerdings besitzt `LN` nur die numerischen Eigenschaften von `LOG`). `LOGB` stellt den Logarithmus zur Basis n dar; n muß dabei als zweites Argument von `LOGB` angegeben werden. `HYPOT` berechnet die Hypotenuse bei gegebenen Katheten gemäß $\mathrm{hypot}(x, y) = \sqrt{x^2 + y^2}$. `CSC` ist der Kosekans, `DILOG` der Eulersche Dilogarithmus $\mathrm{dilog}(z) = -\int_0^z \log(1-\zeta)/\zeta \, d\zeta$, `ERF` die Gaußsche Fehlerfunktion (engl. error function) $\mathrm{erf}(x) = 2/\sqrt{\pi} \int_0^x e^{-t^2} dt$, `ABS` der Absolutbetrag und `EXPINT` das Exponentialintegral $\mathrm{expint}(x) = \int_{-\infty}^x e^t/t \, dt$. Seit Reduce 3.4 gibt es auch einen Operator für die Kubikwurzel `CBRT`.

Anzumerken bleibt, daß Reduce für alle oben genannten Operatoren nur einige wenige elementare Regeln kennt. Weitere Eigenschaften können als zusätzliche Regeln definiert werden (siehe Abschnitt 4.8 und 5.1). Alle Operatoren werten mit `ON ROUNDED` (in Reduce 3.3 `ON FLOAT` *und* `ON NUMVAL`) ihre Argumente numerisch aus. Davon ausgenommen sind die Operatoren `DILOG`, `ERF` und `EXPINT` und in Reduce 3.3 auch noch einige andere.

Beachten Sie, daß alle mit * markierten Operatoren erst ab Reduce 3.4 verfügbar sind.

Zusätzlich zu diesen eingebauten Operatoren kann man eigene Operatoren (also Funktionen) definieren, indem man sie mit der `OPERATOR`–Anweisung deklariert (engl. declare = erklären). Näheres dazu werden wir später besprechen.

Jeder Operator kann

- für bestimmte Argumente Werte zugewiesen bekommen, wie etwa bei

```
log(u):=12$
cos(2*k*pi):=1$
```

- Regeln befolgen, die für spezielle Argumente erklärt werden. Beispielsweise ist der Wert von `SIN(`*integer*`*PI)` immer 0 (engl. integer = ganze Zahl). Allerdings können Regeln durch neue Zuweisungen überschrieben werden (z.B. `SIN(PI):=13`, was natürlich unsinnig ist).
- entweder vom Reduce–Benutzer selbst definiert werden oder ist bereits in Reduce eingebaut, wie etwa der Differentialoperator `DF`.

2.2 Reduce–Ausdrücke

Da wir nun wissen, wie Variablen und Operatoren in Reduce benutzt werden, können wir Reduce–Ausdrücke konstruieren, die unseren mathematischen Formeln entsprechen, indem wir Variablen und Operatoren in geeigneter Weise verknüpfen. Reduce unterscheidet zwischen drei Arten von Ausdrücken: dem Ganzzahl–Ausdruck (engl. integer expression), dem Skalar–Ausdruck (engl. scalar expression) und dem logischen Ausdruck (engl. logical expression).

Ein *Ganzzahl–Ausdruck* stellt eine ganze Zahl dar, z.B.

```
2
9-6
5**7+9*(6-j)*(k+h)
```

falls `J,K,H` bei der Auswertung ganze Zahlen ergeben.

Ein *Skalar–Ausdruck* besteht aus (syntaktisch richtigen) Kombinationen von Zahlen, Variablen, Operatoren, linken und rechten Klammern und Kommata. Er wird benutzt, um einen mathematischen Ausdruck in Reduce darzustellen:

```
sin(8*y**4)+h(u)-(a+b)**7
df(u,x,8)*pi
b(y)+factorial(9)
a
```

Die einfachsten Skalar–Ausdrücke in Reduce sind Variablen oder Zahlen. Damit sind selbstverständlich alle Ganzzahl–Ausdrücke gleichzeitig auch Skalar–Ausdrücke. Reduce wendet die folgenden Regeln bei der Auswertung von Skalar–Ausdrücken an:

- Der Wert einer Variablen ist derjenige, der ihr zuletzt zugewiesen wurde. Wenn es bis zu diesem Zeitpunkt noch keine Zuweisung auf diese Variable gab, besitzt sie als Wert ihren eigenen Namen. Sie kann somit als Platzhalter dienen. Man spricht dann von einer *ungebundenen* Variablen.

- Einige spezielle Ausdrücke werden bereits bei ihrer Deklaration auf bestimmte Werte gesetzt. So haben etwa die Komponenten eines Feldes (engl. array, vgl. Abschnitt 2.6) anfänglich den Wert 0. Ein Feld wird, wie man sagt, mit 0 initialisiert.
- Operatoren verhalten sich nach den Regeln, die für sie definiert wurden; wenn keine Regel greift, steht der Operator mit seinen Argumenten für sich selbst. So wird zum Beispiel `COS 0` zu `1` ausgewertet, aber `COS X` bleibt unverändert (zumindest dann, wenn `X` eine ungebundene Variable ist). Wurde vorher dem Operator für ein bestimmtes Argument ein Wert zugewiesen, so hat dies Vorrang vor den Regeln. Vorsicht: `COS(0):=7` funktioniert auch!
- Eine Prozedur (vgl. Abschnitt 5.6) wird mit den Werten der Übergabeparameter abgearbeitet, die beim Aufruf benutzt wurden.
- Das Vereinfachen eines Ausdruckes, beispielsweise das Kürzen von Termen, und damit seine Auswertung, wird von sogenannten „Schaltern" kontrolliert, die vom Reduce–Benutzer ein– oder ausgeschaltet, d.h. auf `ON` oder `OFF` gesetzt werden können (vgl. Abschnitt 6.2). Soll etwa gekürzt werden, so schaltet man `GCD` (engl. greatest common divisor) ein.
- Es gelten die üblichen Regeln der Algebra (Punktrechnung vor Strichrechnung, andernfalls Klammerung, usw.).

Beispiele:

```
clear a,b$
a*b;
pol;                          % bislang ungebunden
pol:=(a+b)**3$                % Zuweisung
pol;
on gcd$                       % Einsch. des Schalters zum Kuerzen
                              %   gemeinsamer Faktoren aus Zaehler
                              %   und Nenner
off exp$                      % Ausschalten des Schalters fuer das
                              %   Ausmultiplizieren von Termen
                              %   (engl. expand)
pol;
f:=g*m*m/r**2;
on div$                       % einfache Faktoren sollen aus dem
                              %   Nenner in den Zaehler multipli-
                              %   ziert werden
f;
off gcd,div$ on exp$          % Schalter zuruecksetzen
```

Ein *logischer Ausdruck* ist im Sinne der Booleschen Algebra zu verstehen. Er hat entweder den Wahrheitswert `T` (wahr) oder `NIL` (falsch). Infix–Operatoren, die logische Ausdrücke verknüpfen, wie `AND` oder `NOT`, haben wir bereits kennengelernt. Später werden noch einige logische Präfix–Operatoren vorgestellt werden. Zu beachten ist, daß in Reduce ein logischer Ausdruck nur innerhalb einer `IF`–, `WHILE`– oder `REPEAT`–Anweisung erlaubt ist. Beispiele typischer logischer Ausdrücke sind:

```
j neq 2
a=b and (d or g)
(a+7) > 18                    % falls die Auswertung von A
                              %   eine Zahl ergibt
```

Will man den Wahrheitswert eines logischen Ausdruckes mit Reduce bestimmen und ausgeben, so kann man die IF–Anweisung (siehe Abschnitt 3.1) wie im folgenden Beispiel benutzen:

```
if  2**28 <  10**7
  then write "kleiner"
  else write "groesser oder gleich";
```

Einige Operatoren, wie etwa SOLVE oder COEFF, geben bei der Auswertung normalerweise mehr als nur einen Wert zurück. Diese Werte werden daher in Form einer Liste zurückgegeben. Eine Liste besteht aus den durch Kommata getrennten Listenelementen und ist von geschweiften Klammern umgeben. Die einzelnen Elemente der Liste können normale Ausdrücke, aber auch selbst wiederum Listen sein. Beispiele sind:

```
{el1,el2,el3,el4}
{a*(b+c)**4,{nichts},{y,n,g,q}}
```

Um mit solchen Listen arbeiten zu können, benötigt man Operatoren, die ein leichtes Zugreifen auf die einzelnen Elemente und das Erweitern oder Verkürzen von Listen ermöglichen. Solche Operatoren werden in Abschnitt 4.1 beschrieben.

2.3 Wie Reduce Ausdrücke auswertet

Um Reduce–Programme schreiben zu können, ist es notwendig zu verstehen, wie Reduce bei der Auswertung (engl. evaluation) von Anweisungen vorgeht. Reduce beginnt mit der Auswertung der Anweisung erst dann, wenn eines der Abschlußzeichen (also $ oder ;) gefolgt von einem Return eingegeben wurde. Jeder Ausdruck der Anweisung wird dann von links nach rechts ausgewertet. Die erhaltenen Werte werden mit den angegebenen Operatoren verknüpft, das Ergebnis berechnet. Teilausdrücke, die innerhalb anderer Ausdrücke vorkommen, wie etwa in

```
clear g,x$
a:=sin(g:=(x+7)**6);
cos(n:=2)*df(x**10,x,n);
```

werden immer zuerst ausgewertet. Im ersten Falle wird G der Wert von (X+7)**6 zugewiesen, danach A der Wert von SIN((X+7)**6). Beachten Sie, daß der gesamte Wert einer Zuweisung immer der Wert der rechten Seite der Zuweisung ist. Deshalb ist A im weiteren zwar abhängig von X, nicht aber von G. Im zweiten Fall erhält N zunächst den Wert 2, dann wird DF(X**10,X,2) berechnet und schließlich 90*X**8*COS(2) als Wert des gesamten Ausdrucks ausgegeben. Übrigens zeigt dieses Beispiel einen Programmierstil, der unbedingt vermieden werden sollte. Versuchen Sie so zu programmieren, daß das Ergebnis einer Anweisung *nicht* von der Abarbeitungsreihenfolge abhängt! Außerdem wird das Programm lesbarer.

Der Zuweisungs-Operator `:=` stellt bei der Auswertung eine Ausnahme dar. Üblicherweise werden zunächst beide Argumente eines Infix-Operators ausgewertet, dann der Operator auf seine Argumente angewandt. Die linke Seite einer Zuweisung wird jedoch *nicht* ausgewertet; der Ausdruck auf der linken Seite erhält also den Wert der rechten Seite. In

```
clear b,c$
a:=b$
a:=c$
a;
```

erhält also nicht etwa `B` den Wert von `C`, vielmehr wird in der zweiten Zeile `A`, das nicht ausgewertet wird, auf den Wert von `C` gesetzt.

Die Auswertung einer Zuweisung verdeutlicht folgendes Beispiel:

```
clear h$
g:=1$
a:=(g+h)**3$
a;                   % Ergebnis: (1+h)**3
g:=7$
a;                   % Ergebnis: (1+h)**3
```

Die Variable `A` besitzt wegen Eingabe der zweiten Anweisung nicht den Wert `(G+H)**3`, sondern vielmehr `(1+H)**3`. Dies ändert sich auch nicht durch die fünfte Anweisung, in der die Variable `G` neu besetzt wird. Wie man sich leicht vergewissern kann, hat `A` weiterhin den Wert `(1+H)**3`. Wenn Sie aber möchten, daß `A` abhängig von `G` wird, dann müssen Sie `(G+H)**3` zuweisen solange `G` noch ungebunden ist:

```
clear g,h$
a:=(g+h)**3$         % alle Variablen waren bis jetzt noch ungebunden
g:=1$
g:=7$
a;                   % Ergebnis: (7+h)**3
```

Manchmal ist es notwendig, Werte von Variablen oder anderen Ausdrücken zu löschen, um danach mit ungebundenen Variablen weiterzurechnen. Hierzu dient der Operator `CLEAR`:

```
clear g,h$
a:=(g+h)**3$
g:=1$
a;
clear g$
a;
```

Natürlich kann man den alten Wert eines Ausdruckes auch mit Hilfe einer neuen Zuweisung überschreiben:

```
clear b,u,v$
a:=(u+v)**2$
a:=a-v**2$
a;
b:=b+1$
b;
```

Die Auswertung von `A;` ergibt den Wert `U*(U+2*V)`, da `A` zuerst auf `(U+V)**2` gesetzt wurde, danach von `A` der Ausdruck `V**2` abgezogen und das Ergebnis wiederum `A` zugewiesen wurde. Die Zuweisung `B:=B+1$` wird jedoch zu Schwierigkeiten führen: Da `B` bislang ungebunden ist, wird `B` auf `B+1` gesetzt (im Gegensatz zum vorhergehenden Beispiel, bei dem `A` gebunden war und die Zuweisung `A:=A-V**2` zur Auswertung von `A:=(U+V)**2-V**2` führte). Die Auswertung von `B;` führt zu einem Fehler und kann sogar das Programm zum Absturz bringen: Sobald `B` ausgewertet werden soll, stellt Reduce fest, daß `B` auf `B+1` gesetzt ist, wobei allerdings `B` gebunden ist und den Wert `B+1` besitzt, usw. Der Auswertungs–Vorgang führt somit zu einer unendlichen Schleife. Solche Rekursionen sollten selbstverständlich vermieden werden.

2.4 Schleifen für wiederholte Anweisungen

Sehr oft wollen wir eine bestimmte Anweisung mehrmals wiederholen, allerdings so, daß dabei eine spezielle Variable verschiedene Werte annimmt. Man denke etwa an die Berechnung des Produktes $x(x+2)(x+4)(x+6)\ldots(x+24)$. Dazu existiert in vielen Programmiersprachen eine Schleifen–Anweisung (engl. loop statement). In Reduce ist dies die sog. `FOR`–Anweisung. Damit kann man unser Beispiel in folgender Weise programmieren:

```
clear x$
prod := 1$
for k:=0 step 2 until 24 do prod:=prod*(x+k)$
prod;
```

Das allgemeine Format der `FOR`–Anweisung lautet:

`for` *Schleifenvar.* `:=` *Start* `step` *Schrittgröße* `until` *Ende* `do` *Anweisung*

Die *Schleifenvariable* läuft von *Start* bis *Ende*, in unserem Beispiel von 0 bis 24. Die *Schrittgröße* ist oben 2. Die *Anweisung* in der Schleife wird nacheinander für alle Werte, welche die Schleifenvariable annimmt, ausgewertet. Der Wert der `FOR`–Anweisung selbst ist 0. Beträgt die Schrittgröße 1, was häufig der Fall ist, dann kann man die Schleife wie folgt abkürzen:

`for` *Schleifenvariable* `:=` *Start* `:` *Ende* `do` *Anweisung*

Ein Beispiel hierfür ist die Berechnung der Reihe $\sum_{k=1}^{13} k^4$:

```
quart:=0$
for k:=1:13 do quart:=quart+k**4$
quart;
```

Die Schleifenvariable hat nur lokale Bedeutung, ist also lediglich innerhalb der Schleife definiert. Deshalb können auch `I` oder `E` als Schleifenvariable benutzt werden. Jedoch können in diesem Falle `I` bzw. `E` in der *Anweisung* nicht als imaginäre Einheit bzw. als Euler–Zahl verwendet werden, da sie immer durch den augenblicklichen Wert der Schleifenvariable ersetzt würden!

Sehr oft werden Produkte oder Summen mit Hilfe von `FOR`–Anweisungen berechnet, z.B. bei Entwicklungen oder Reihen. Daher bietet Reduce zusätzlich die Möglichkeit, das Produkt oder die Summe der Einzelergebnisse, die man bei der Auswertung der *Anweisung* erhält, zu berechnen, indem man folgende Form der `FOR`–Anweisung benutzt:

`for` *Schleifenvar.* `:=` *Start* `step` *Schrittgr.* `until` *Ende* `product` *Anw.*

und

`for` *Schleifenvar.* `:=` *Start* `step` *Schrittgr.* `until` *Ende* `sum` *Anw.*

Im Gegensatz zur `DO`–Variante berechnet sich der Wert der gesamten `FOR`–Anweisung aus dem Produkt oder der Summe der Einzelergebnisse der Anweisung hinter dem Operator `PRODUCT` bzw. `SUM`. Die oben aufgeführten Beispiele können nunmehr einfacher programmiert werden:

```
clear x$
prod := for k:=0 step 2 until 24 product (x+k);
```

und

```
quart := for k:=1:13 sum k**4;
```

Beispiel: Berechnen Sie die Taylor–Entwicklung für e^x um den Punkt $x = 0.1$ bis zur zehnten Ordnung ($e^x = 1 + \sum_{n=1}^{\infty} x^n/n!$):

```
ex := 1 + for n:=1:10 sum x0**n/(for k:=1:n product k)$
ex;
on rounded$                 % Achtung: bis Reduce 3.3 noch
x0:=0.1$                    %          on/off float statt rounded
ex;
off rounded$
```

Oft wird eine Anweisung solange wiederholt, bis eine bestimmte Bedingung erfüllt ist. Zu diesem Zweck dient die `WHILE`–Anweisung:

`while` *logischer Ausdruck* `do` *Anweisung*

Die Auswertung der *Anweisung*, die auf DO folgt, wird so lange wiederholt, bis *logischer Ausdruck* den Wert NIL (also falsch) besitzt. Die WHILE–Anweisung bricht dann ab. Man beachte, daß der logische Ausdruck immer *vor* der Auswertung der Anweisung überprüft wird.

Beispiel: Berechnen Sie, ab welchem n die Reihe $\sum_{j=1}^{n} j^4$ größer als 10000 wird:

```
j:=1$
reihe:=0$
while (reihe := reihe + j**4) < 10000 do j:=j+1$
j;
reihe;
```

Dabei wird jeweils die Summe berechnet und mit 10000 verglichen; in der Anweisung wird lediglich der Index um 1 erhöht.

Die REPEAT–Anweisung ist der WHILE–Anweisung sehr ähnlich, jedoch wird hier die Bedingung erst *nach* der Auswertung der jeweiligen Anweisung überprüft:

`repeat` *Anweisung* `until` *logischer Ausdruck*

Die *Anweisung* wird so lange wiederholt, bis *logischer Ausdruck* den Wert T (wahr) liefert. Mit einer REPEAT–Anweisung programmiert, lautet dann das vorherige Beispiel:

```
j:=0$
reihe:=0$
repeat j:=j+1 until (reihe:=reihe + j**4) > 10000$
j;
reihe;
```

Wollen wir etwa die Euler–Zahl näherungsweise, um ein anderes, etwas schwierigeres Beispiel anzuführen, mit Hilfe der Reihe $e = 1+1/1!+1/2!+1/3!+\ldots+1/n!$ bis zu einer bestimmten Genauigkeit berechnen, derart daß $n! \leq 10^{10}$ ist, so kann man ebenfalls die REPEAT–Anweisung benutzen (Lösungsvorschlag von Lin Chang–Tsung, Hsinchu/Taiwan):

```
euler:=p:=n:=1$
repeat <<p:=p*n$ n:=n+1$ euler:=euler + 1/p>> until p > 10**10$
euler;
on rounded$                     % bis einschl. Version 3.3 on float
euler;
off rounded$                    %                         off float
```

Wir haben dabei etwas vorgegriffen und drei Anweisungen mit Hilfe einer Gruppenanweisung << ... >> zu einer einzigen zusammengefaßt (vgl. Abschnitt 3.2).

2.5 Schleifen und Listen

Mit einer FOR–Anweisung ist es möglich, Einzelergebnisse, die mit *Anweisung* nacheinander errechnet werden, in einer Liste zusammenzufassen; somit liefert die FOR–Anweisung als Wert die Liste der Einzelergebnisse. Das Format ist (engl. collect = sammle):

for *Schleifenvar.* := *Start* step *Schrittgr.* until *Ende* collect *Anw.*

Dies kann hilfreich sein, wenn man sich später auf ein einzelnes Ergebnis beziehen möchte.

Berechnen Sie $n!$ für alle $n = 1, \ldots, 13$:

```
stumm:=1$
for n:=1:13 collect stumm:=stumm*n;
```

Sind die Einzelergebnisse einer FOR–Anweisung bereits Listen, so kann man sie zu einer einzigen Liste zusammenfassen, indem man die folgende FOR–Anweisung verwendet (engl. join = vereinige):

for *Schleifenvar.* := *Start* step *Schrittgr.* until *Ende* join *Anw.*

Vergleichen Sie die Ergebnisse der beiden folgenden Anweisungen:

```
clear x$
for n:=1:5 collect {(x+1)**n};        % 5 Listen in einer Liste
for n:=1:5 join    {(x+1)**n};        % 5 Elemente in einer Liste
```

Operatoren, die Listen als Argumente haben oder Listen als Werte liefern, werden Sie noch kennenlernen (siehe SOLVE, COEFF in Abschnitt 4.3 und 4.4).

Die bisher besprochenen FOR–Anweisungen wurden durch auf– oder absteigende Werte einer Schleifenvariablen kontrolliert. Es gibt aber auch eine Form der FOR–Anweisung, in der die Schleifenvariable nacheinander die Werte der Elemente einer vorgegebenen Liste annimmt. Es existieren wie bisher die Möglichkeiten, Produkte, Summen und Listen zu berechnen:

for each *Schleifenvar.* in *Liste* do/sum/product/collect/join *Anw.*

Die Schleifenvariable wird in der Anweisung durch den jeweils aktuellen Wert eines Elements der Liste ersetzt, danach wird die Anweisung ausgewertet. Der Vorgang wiederholt sich für jeden weiteren Ausdruck aus der Liste, bis keine Elemente mehr vorhanden sind.

Beispiele: Berechnen Sie das Polynom $x^2-3x+15$ an den Stellen $x = 0$, 1.5, 2.5, 10, und geben Sie die ermittelten Werte als Liste aus:

```
for each x in {0, 3/2, 5/2, 10} collect x**2-3*x+15;
```

Berechnen Sie die Summe von 7!, 12!, 13!, 18! und 20!. Fakultäten wollen wir gemäß

```
for k:=2:n product k;        % falls n eine ganze Zahl ist
```

berechnen[2]. Damit können wir leicht die Summe bilden:

```
for each n in {7,12,13,18,20} sum (for k:=2:n product k);
```

2.6 Mehrdimensionale Objekte: Felder

Wie haben gesehen, wie leicht man in Reduce Schleifen mit FOR–, WHILE– und REPEAT–Anweisungen programmieren kann. Daher taucht schnell der Wunsch auf, Variablen mit Indizes zu benutzen, um etwa Vektoren, Tensoren und andere mehrdimensionale Objekte in Reduce darstellen und mit FOR–Anweisungen manipulieren zu können. In Reduce, ähnlich wie in Fortran, werden solche *Felder* mit einer ARRAY–Anweisung deklariert:

```
array vektor(10), ma(5,5), e605(60,5,9)$
```

Die Deklaration ähnelt der Dimensions–Anweisung in Fortran, jedoch beginnen die Feldgrenzen in Reduce bei 0 und enden beim angegebenen Wert in der ARRAY–Anweisung. Somit besitzt das Feld VEKTOR 11 Komponenten, und das Feld MA 6×6 Komponenten. Die Komponenten eines Feldes werden über die betreffenden Indizes angesprochen:

```
clear x,y,z$
vektor(5):=x+y-z**3$
vektor(5);
```

Das Polynom auf der rechten Seite wird der mit 5 indizierten Komponente von VEKTOR zugewiesen und kann danach durch VEKTOR(5) angesprochen werden. Direkt nach der Deklaration sind die einzelnen Komponenten eines Feldes zunächst auf 0 gesetzt.

Beispiele: Berechnen Sie die ersten zwanzig Folgenglieder der „Fibonacci–Folge“ mit $a_0 = 0$, $a_1 = 1$, $a_n = a_{n-1} + a_{n-2}$, $n \geq 2$:

```
clear a$                          % vermeidet Konflikte mit einer etwa
array a(20)$                      %    vorher benutzten Variablen a
a(1):=1$                                     % a(0) ist bereits 0!
for k:=2:20 do a(k):=a(k-1)+a(k-2)$
a(17);
```

Berechnen Sie $I_n = \int_0^1 x^n e^x dx$, mit $n = 1, 2, \ldots, 10$, indem Sie die Rekursionsbeziehung $I_n = e - n \cdot I_{n-1}$ mit $I_0 = e - 1$ verwenden. Speichern Sie die Ergebnisse in einem Feld:

[2] In Reduce 3.4 existiert bereits der Operator FACTORIAL zur Berechnung von Fakultäten, aber wir wollen ja den Umgang mit Reduce üben.

```
array intx(10)$
intx(0):=e-1$
for k:=1:10 do intx(k):=e-k*intx(k-1);
```

Felder können auch zur Darstellung von Tensoren benutzt werden. Eine einfache Anwendung soll als Beispiel dienen: Aus gegebenem (2–stufigem symmetrischen) Trägheitstensor I und der Winkelgeschwindigkeit, beschrieben durch den (axialen) Vektor ω, berechnet sich der Drehimpuls $\boldsymbol{L}$ eines Körpers gemäß $L_i = \sum_{j=1}^{3} I_{ij}\,\omega_j$, $I_{ij} = I_{ji}$. Mit Hilfe zweier ineinander geschachtelter FOR–Schleifen läßt sich der Drehimpuls ganz einfach in Reduce darstellen:

```
clear l,w$
array trae(3,3), l(3), w(3)$            % Traegheitstensor,
                                        % Drehimpuls, Winkelgeschw.
trae(1,1):=ix$ trae(2,2):=iy$ trae(3,3):=iz$
trae(1,2):=trae(2,1):=ixy$
trae(1,3):=trae(3,1):=ixz$
trae(2,3):=trae(3,2):=iyz$
w(1):=wx$ w(2):=wy$ w(3):=wz$
for i:=1:3 do l(i):= for j:=1:3 sum trae(i,j)*w(j)$
for i:=1:3 do write l(i):=l(i);
```

Um Speicherplatz zu sparen, kann man bei großen Problemen den Index bei Null starten lassen und damit die Felder voll ausnutzen; der Gewinn ist jedoch minimal.

Als Beispiel aus der Speziellen Relativitätstheorie, das übersprungen werden kann, wollen wir die kovarianten Komponenten eines Vektors x_i aus seinen vorgegebenen kontravarianten Komponenten x^i in einer flachen Minkowski–Raumzeit in kartesischen Koordinaten berechnen. Die Metrik lautet $g_{ij} = diag(-1,1,1,1)$, und wir benutzen die bekannte Formel $x_i = \sum_{j=0}^{3} g_{ij}\,x^j$:

```
array gll(3,3), xl(3), xh(3)$
gll(0,0):=-1$ gll(1,1):=gll(2,2):=gll(3,3):=1$
xh(0):=tau$ xh(1):=x$ xh(2):=y$ xh(3):=z$
for k:=0:3 do xl(k):= for j:=0:3 sum gll(k,j)*xh(j)$
```

Nun enthält das Feld XL (L für „niedrig“ oder engl. low, H in XH für „hoch“ oder engl. high) die kovarianten Komponenten x_i des Vektors. Dieses Beispiel wird interessanter, wenn wir etwa Kugelkoordinaten einführen und/oder in den Riemannschen Raum der Allgemeinen Relativitätstheorie übergehen (siehe Kapitel 7); dann kann der Einsatz von Reduce schon eine Menge Arbeit ersparen.

2.7 Hausaufgaben

1. Bestimmen Sie die Menge M aller natürlicher Zahlen a, für die die folgenden Bedingungen gleichzeitig erfüllt werden:

   a) $0 > a > 4000$,

   b) die Zahlen sind sowohl durch 4, durch 5 als auch durch 9 teilbar,

c) 8, 25 und 27 sind nicht Teiler von a,

d) subtrahiert man von den Zahlen a die Zahl 8, so ist diese Differenz durch 11 teilbar! (Aus J.Lehmann, „Mathematik — von der Pflicht zur Kür.“ Aulis, Köln 1988.)

2. Berechnen Sie das charakteristische Polynom von

$$\begin{pmatrix} a & 0 & 5 \\ 1 & 1 & 1 \\ -a & 0 & 0 \end{pmatrix}.$$

3. Berechnen Sie näherungsweise den natürlichen Logarithmus aus seiner Potenzreihen–Entwicklung bis zur 5. Ordnung:

$$ln\,(1+x) \approx \sum_{n=1}^{5} (-1)^{n+1} \frac{x^n}{n}, \qquad -1 < x \le 1.$$

4. Berechnen Sie das bestimmte Integral $I_n = \int_0^1 x^n e^x dx$, indem Sie die Beziehung

$$I_n = e \sum_{m=0}^{n} (-1)^m \frac{n!}{(n-m)!} - (-1)^n n!$$

benutzen.

5. Berechnen Sie das Produkt zweier beliebiger (6×6)–Matrizen, und weisen Sie das Ergebnis gemäß

$$c_{ij} = \sum_{k=1}^{6} a_{ik} b_{kj}$$

einer dritten Matrix zu.

6. Definieren Sie geeignete `ARRAY`s für Kronecker und Levi–Civita–Symbol. Schreiben Sie mit Hilfe von `FOR`–Schleifen Befehle zum Errechnen von Skalar– und Vektorprodukt und von Spat– und dreifachem Vektorprodukt:

$$\mathbf{a} = (1,\,-2,\,3)\,, \qquad \mathbf{b} = (-3,\,1,\,-5)\,, \qquad \mathbf{c} = (1,\,0,\,2)\,.$$

$$\mathbf{a}\cdot\mathbf{b}\,, \qquad \mathbf{a}\cdot\mathbf{c}\,, \qquad \mathbf{a}\times\mathbf{b}\,, \qquad \mathbf{a}\times\mathbf{c}\,,$$

$$\mathbf{a}\cdot(\mathbf{b}\times\mathbf{c})\,, \qquad |(\mathbf{a}\times\mathbf{b})\times\mathbf{c}|\,, \qquad |\mathbf{a}\times(\mathbf{b}\times\mathbf{c})|\,,$$

$$(\mathbf{a}\times\mathbf{b})\times(\mathbf{b}\times\mathbf{c})\,, \qquad (\mathbf{a}\times\mathbf{b})\,(\mathbf{b}\cdot\mathbf{c})\,.$$

7. Schreiben Sie Vektoren als `ARRAY`'s und definieren Sie Divergenz und Rotation mit Hilfe von Schleifen und des `DF`–Operators. Berechnen Sie die Rotation von

$$\begin{aligned} \mathbf{a} &= (y\cos y,\; -x^2\sin y,\; 0)\,, \\ \mathbf{b} &= (2x - yz,\; -y - xz,\; z - xy)\,, \\ \mathbf{f} &= \alpha\mathbf{r}/r^3 \text{ und } \alpha = \text{const}\,, \end{aligned}$$

und die Divergenz von

$$\begin{aligned} \mathbf{c} &= (3x^2 + 2xze^z,\; -2ye^z - 4xy,\; 3xz + 2ze^z)\,, \\ \mathbf{d} &= (3z^5 - y\cos z + xy^2,\; x^2y - e^{-xz},\; y)\,, \\ \mathbf{f} & \;. \end{aligned}$$

Kapitel 3

Dritte Vorlesung

In der zweiten Vorlesung hatten wir etwas über den Vorgang der Auswertung gelernt. Weiterhin besprachen wir die FOR–Anweisung, die eine Möglichkeit darstellt, Schleifen zu programmieren. In diesem Kapitel wollen wir uns zunächst mit der IF–, der Gruppen– und der Blockanweisung befassen. Danach wenden wir uns einigen nützlichen Operatoren, wie beispielsweise dem Differentiations– und dem Integrations–Operator zu. Am Ende dieses Kapitels befassen wir uns mit den Substitutionsmöglichkeiten, die uns Reduce bietet.

3.1 Die IF–Anweisung

Manchmal soll eine Anweisung lediglich dann ausgeführt werden, wenn eine bestimmte Bedingung erfüllt ist. Dazu dient die IF–Anweisung, die in Reduce alternativ in den Formen

if *logischer Ausdruck* then $Anweisung_1$

oder

if *logischer Ausdruck* then $Anweisung_1$ else $Anweisung_2$

auftritt. Der Wert einer solchen IF–Anweisung hängt vom Wert des *logischen Ausdruckes* ab. Falls dieser wahr ist, dann ist der Wert der gesamten IF–Anweisung durch den Wert von $Anweisung_1$ bestimmt. Ist er falsch, so ist der Wert der gesamten IF–Anweisung Null, oder, falls die IF–ELSE–Variante verwendet wurde, der Wert von $Anweisung_2$. Dazu wollen wir uns zwei Beispiele ansehen:

```
clear y;
a:=3$    b:=7$    c:=8$    d:=3$
if a=d then c;
if a = 0 and b neq 0 then x0:=-c/b else x0:=y+c**2;
x0;
```

Da eine IF–Anweisung lediglich eine spezielle Anweisung darstellt, können wir eine IF–Anweisung auch innerhalb einer anderen IF–Anweisung benutzen, wie im folgenden Beispiel nach ELSE:

```
null:=  if b = 0 and a neq 0
         then sqrt(-c/a)
         else if b neq 0
               then sqrt(-c/b);
```

Um Fehler zu verhindern, ist es in einigen Fällen notwendig, ineinander geschachtelte IF–Anweisungen zu klammern, etwa um die Zuordnung eines noch folgenden ELSE festzulegen:

```
if a=b then (if b=0 then c:=b)
       else c:=a;
```

Wir erinnern uns daran, daß eine IF–Anweisung einen Wert zurückgibt. Dieser kann, wie im vorletzten Beispiel, einer Variablen zugewiesen oder auch in einem Ausdruck benutzt werden. Im folgenden Beispiel ist die IF–Anweisung Teil eines Produktes:

```
geheim:=(if a=8 then 9 else 10)*12$  % beachte: In der IF-Anw.
nisvoll:=kekse$                      %          steht kein
scherz:=geheim*nisvoll;              %          Abschlusszeichen
```

Beispiel: Lösen Sie die quadratische Gleichung $ax^2+bx+c=0$ mit beliebigen a, b, c. Testen Sie Ihr Programm für $(a=0,\ b=3,\ c=6)$ und für $(a=9,\ b=18,\ c=9)$:

```
a:=0$  b:=3$  c:=6$
x1:=if a=0
     then if b=0                               % a=0
           then if c neq 0                     % a=0,b=0
                 then falsche_gleichung        % a=0,b=0,c ungl.0
                 else beliebig                 % a=0,b=0,c=0
           else -c/b                           % a=0,b ungl.0
     else -b/(2*a)+sqrt(-(c/a)+(b/(2*a))**2);% a ungl.0

a:=9$   b:=18$   c:=9$
x1:=if a=0
     .
     .
     .
```

Die IF–Anweisung gibt entweder eine Lösung der Gleichung zurück, den Wert FALSCHE_GLEICHUNG (falls $a, b = 0$ und $c \neq 0$) oder aber den Wert BELIEBIG (falls alle Koeffizienten Null sind).

3.2 Mehrere Anweisungen zusammenfassen: I. Gruppenanweisung

Innerhalb von `IF`–, `FOR`–, `WHILE`– oder `REPEAT`–Anweisungen ist es oft nützlich, mehrere Anweisungen unmittelbar nacheinander auszuwerten. Dazu können *mehrere* Anweisungen mit Hilfe der Gruppenanweisung zu *einer* neuen Anweisung zusammengefaßt werden:

$$\texttt{<<}\mathit{Anweisung}_1\texttt{\$}\ \mathit{Anweisung}_2\texttt{\$}\ \ldots \mathit{Anweisung}_{n-1}\texttt{\$}\ \mathit{Anweisung}_n\texttt{>>}$$

Die einzelnen Anweisungen in einer solchen Gruppenanweisung werden nacheinander ausgewertet. Wir könnten beispielsweise sowohl $\prod_{n=1}^{10} n$ als auch $\sum_{n=1}^{10} n$ „gleichzeitig" berechnen:

```
prod:=1$ s:=0$
for n:=1:10 do <<s:=s+n$ prod:=prod*n>>$
prod;
s;
```

Beachten Sie, daß `SUM` ein reservierter Bezeichner ist, der hier, an Stelle von `S`, nicht hätte verwendet werden dürfen. Die Gruppenanweisung selbst stellt *eine* neue Anweisung dar, die *einen* Wert besitzt, nämlich den Wert der letzten Anweisung, die in den Klammern `<< ... >>` steht. Bei

```
clear x,y$
a:=<<m:=(x+y)**7$ n:=(x-y)**7$ m*n>>;
```

wird `(X+Y)**7` der Variablen `M` und `(X-Y)**7` der Variablen `N` zugewiesen. Der Wert der letzten Anweisung `M*N` ist somit `(X**2-Y**2)**7`. Dies ist gleichzeitig der Wert der gesamten Gruppenanweisung, der dann der Variablen `A` zugewiesen wird.

Die letzte Anweisung in einer Gruppenanweisung sollte *nicht* durch ein Abschlußzeichen beendet werden. Sonst wird sie nämlich als vorletzte Anweisung interpretiert, was dazu führt, daß die Gruppenanweisung den Wert Null annimmt. Deshalb weist das letzte Beispiel, jetzt aber um ein Dollarzeichen nach dem `M*N` angereichert,

```
clear x,y$
a:=<<m:=(x+y)**7$ n:=(x-y)**7$ m*n$>>;
```

der Variablen `A` nun den Wert Null zu!

Beispiel: Definieren Sie für vier Dimensionen die antisymmetrischen Felder a und b mit $a_{ij} = -a_{ji} = i \cdot j$ und $b_{ij} = -b_{ji} = i + j$, $i > j$:

```
clear a,b$                          % falls schon vorher benutzt
array a(3,3),b(3,3)$
for k:=0:3 do a(k,k):=b(k,k):=0;   % ist nicht notwendig, warum?
for k:=1:3 do for r:=0:(k-1) do << a(k,r):=-(a(r,k):=k*r);
                                   b(k,r):=-(b(r,k):=k+r) >>;
```

3.3 Mehrere Anweisungen zusammenfassen: II. Blockanweisung

Die Gruppenanweisung faßt die einzelnen Anweisungen aneinandergereiht zusammen. Innerhalb einer Block- oder Verbund-Anweisung (engl. block oder compound statement) mit der Syntax:

begin *Anweisung*$_1$`$` ... *Anweisung*$_n$ end`$`

haben wir dagegen folgende zusätzliche Strukturen zur Verfügung: Lokale Variablen, die durch eine SCALAR-Vereinbarung eingeführt werden, die GOTO-Anweisung, mit der man innerhalb der Blockanweisung zu einer Marke springen kann, sowie die RETURN-Anweisung, die einen bestimmten Wert als Wert der gesamten Blockanweisung zurückgibt und die Auswertung des Blockes beendet. Analog zur Gruppenanweisung kann auf ein Semeikolon bzw. ein Dollarzeichen direkt vor dem END verzichtet werden. Ohne eine RETURN-Anweisung ist der Wert einer Blockanweisung allerdings immer Null. Die RETURN-Anweisung kann innerhalb einer IF-Anweisung stehen, wenn diese Teil einer Blockanweisung ist. Auf keinen Fall darf sie jedoch in einer FOR-, WHILE- oder REPEAT-Anweisung stehen.

Wir können zunächst das letzte Beispiel aus Abschnitt 3.2 alternativ als

```
clear a,b$
array a(3,3),b(3,3)$
for k:=0:3 do a(k,k):=b(k,k):=0$
for k:=1:3 do for r:=0:(k-1) do
```

```
begin
   a(k,r):=-(a(r,k):=k*r)$
   b(k,r):=-(b(r,k):=k+r)
end$
```

schreiben. Die SCALAR– und die RETURN–Anweisungen fehlen, also gibt es keine lokalen Variablen und der Wert dieser Blockanweisung ist Null. Betrachten Sie jedoch das folgende Beispiel:

```
clear a,b,x$
y:=0$
a:=b:=12051964$

begin scalar a,b$
   a:=(x+y)**3$
   b:=(x-y)$
   c:=a/b
end$
a;                        % ergibt 12051964
b;                        % ergibt 12051964
c;                        % ergibt x**2
```

Die SCALAR–Vereinbarung dient dazu, die lokalen Variablen A und B zu deklarieren. Lokal heißt, daß diese Variablen nur innerhalb der Blockanweisung bekannt sind; globale Variablen gleichen Namens werden innerhalb der Blockanweisung „unsichtbar“. Somit ergibt sich kein Durcheinander mit Variablen außerhalb des Blockes, die zufälligerweise dieselben Namen tragen. Die SCALAR–Vereinbarung muß unmittelbar auf das Schlüsselwort BEGIN folgen. Die darin vereinbarten Variablen sind anfänglich mit Null initialisiert.

Bisher hatte die Blockanweisung in allen Beispielen den Wert Null. Wie das folgende Beispiel zeigt, kann eine RETURN–Anweisung dies ändern:

begin scalar *Variable*$_1$, *Variable*$_2$, ... , *Variable*$_n$\$
  Anweisung$_1$\$ . . . *Anweisung*$_n$\$ return *Ausdruck*
end\$

Der Wert der gesamten Blockanweisung ist nun durch den Wert der RETURN–Anweisung bestimmt. Nehmen wir das vorherige Beispiel:

```
clear x,y$
c:= begin scalar a,b$
         a:=(x+y)**3$
         b:=(x-y)$
         return b*a
      end;
```

Man kann die RETURN–Anweisung auch vorher plazieren, aber RETURN zwingt Reduce stets, den Block sofort zu verlassen und alle weiteren Anweisungen bis zum

Ende des Blocks zu überspringen. Daher sollte man ein `RETURN` nur dann weiter vorne benutzen, wenn eine `IF`–Anweisung das `RETURN` kontrolliert. Beachten Sie nochmals, daß `RETURN` nur innerhalb einer Blockanweisung benutzt werden kann. Auf der obersten Ebene von Reduce, dem sog. Top–Level, führt dies zu einem Fehler.

Schließlich können wir einen Sprung innerhalb einer Blockanweisung durch

`goto` *Marke*

einleiten. Gesprungen wird zu derjenigen Anweisung innerhalb der Blockanweisung, die mit der entsprechenden *Marke* (engl. label) gekennzeichnet ist:

Marke: *Anweisung*

Als Beispiel berechnen wir (in recht umständlicher Weise) 37! mit Hilfe einer `GOTO`–Schleife:

```
n:=37$
fak:=begin scalar m$
           m:=1$
    weiter: if n=0 then return m$     % sogar 0! wuerde berechnet
           m:=m*n$
           n:=n-1$
           goto weiter
       end;
```

3.4 Elementare mathematische Funktionen

In der zweiten Vorlesung erwähnten wir bereits Operatoren, die in Reduce standardmäßig vorhanden sind. Einige wichtige *Präfix*–Operatoren sollen nun beschrieben werden.

Die Operatoren `MAX` und `MIN` liefern den Wert des Maximums bzw. des Minimums der Zahlen, die als Argumente in den Operatoren auftreten:

```
min(3,5,6,3,1,8,9);         % ergibt 1
a:=9$
max(8,a,7);                 % ergibt 9
```

Weitere Präfix–Operatoren, die mathematische Funktionen darstellen, etwa Kreis– und Hyperbelfunktionen, wurden in Abschnitt 2.1 aufgeführt. Vielen vordefinierten Operatoren sind für gewisse Argumente (wie beispielsweise für 0, 1 oder π) bereits bestimmte Werte zugewiesen. Da diese Operatoren nur ein Argument besitzen, können die Klammern weggelassen werden:

```
sin(pi);                    % ergibt 0
exp(1);                     % ergibt e
log 2;                      % ergibt log(2)
(sin x)**2+(cos x)**2;      % ergibt (sin x)**2+(cos x)**2
```

Nicht alle wohlbekannten Regeln, wie etwa die Additionstheoreme für Winkelfunktionen, sind in Reduce einprogrammiert. Das wäre auch gar nicht wünschenswert, denn nicht alle Regeln sind *immer* von Nutzen. Der Benutzer kann sie jedoch durch selbstdefinierte Regeln einführen. Näheres dazu findet sich in den Abschnitten 4.8 und 5.2.

3.5 Differentiation mit dem DF–Operator

Der Operator DF kann für partielle Differentiation bezüglich einer Variablen gemäß

df(*Ausdruck*, *Variable*);

benutzt werden. Einfache Beispiele sind

```
clear x,z$
df(x**3+2*b/x,x);
df((sin(z))**9,z);
```

Wenn Sie aber die n-te Ableitung von *Ausdruck* nach *Variable* berechnen wollen, verwenden Sie

df(*Ausdruck*, *Variable*, *n*);

wie etwa bei

```
clear x,z$
df(x**3+2/x,x,3);
df((sin(z))**9,z,6);
```

Ebenso können wir nacheinander die n_1. Ableitung von *Ausdruck* nach *Variable*$_1$ bestimmen, dann die n_2. Ableitung nach *Variable*$_2$ usw.:

df(*Ausdruck*, *Variable*$_1$, n_1, *Variable*$_2$, n_2, ...);

Wir zeigen dies anhand folgender Beispiele:

```
clear x,y,z$
df(x**6+2*y**3*x**3+1,x,3,y,2);
df(sin(x)*cos(y)*log(z),x,2,y,2,z,2);
```

Schwieriger wird es bei Ausdrücken wie DF(LOG(Y),R). Die Ableitung verschwindet, da die *Variable* R im *Ausdruck* LOG(Y) nicht vorkommt. Nur Operatoren, in deren Argument die gewählte *Variable* vorkommt, werden wirklich differenziert. Wenn Sie Reduce mitteilen wollen, daß Y eigentlich von R abhängt, können Sie dies mit der DEPEND–Anweisung tun:

```
clear y,r$
depend y,r$
df(log(y),r);
```

Nun verschwindet die Ableitung nicht mehr, und die Kettenregel wird angewandt. Die Abhängigkeit kann mit NODEPEND wieder aufgehoben werden:

```
clear y,r$
depend y,r$
df((log y)**3,r);
nodepend y,r$
df((log y)**3,r);
```

Beispiel: Gegeben sei $y = x^n \log x$. Leiten Sie daraus die Beziehung $xy' = x^n + ny$ ab.

```
clear x,y,n$
y:=x**n*log(x)$
df(y,x)*x-(x**n+n*y);
```

Das Ergebnis der letzten Anweisung ist Null — die Identität ist bewiesen.

3.6 Integration mit dem INT–Operator

Nachdem nun Reduce für uns das Differenzieren übernommen hat, wollen wir ihm natürlich auch das Integrieren überlassen. Dafür bietet Reduce den INT–Operator:

INT(*Ausdruck*, *Variable*)

INT versucht *Ausdruck* nach *Variable* zu integrieren und gibt, falls erfolgreich, das unbestimmte Integral zurück. Die beliebige Integrationskonstante wird dabei unterdrückt. Beispiele sind:

```
clear x,y$
int(sin x,x);           % ergibt -cos(x)
int(log y,y);           % ergibt y*(log(y)-1)
int(fkt(x)*x,x);        % ergibt int(fkt(x)*x,x), da fkt(x)
                        %        noch nicht spezifiziert wurde
```

Falls INT das Integral nicht berechnen kann, wird es einen (manchmal vereinfachten) Ausdruck zurückgeben, der den INT–Operator an den Stellen enthält, die nicht zu integrieren waren. Ein Integral sollte berechenbar sein, falls Integrand *und* Integral sich aus Kreis–, Hyperbel–, Exponential–, Logarithmus– und gebrochen–rationalen Funktionen zusammensetzen.

Der INT–Operator ist Teil eines separaten Reduce–Paketes. Normalerweise sollte das Integrations–Paket spätestens dann dazugeladen werden, wenn der Operator INT aufgerufen wird. Falls dies bei Ihrer Reduce–Version nicht automatisch passiert, versuchen Sie den Befehl:

```
load_package int$
```

oder `LOAD_PACKAGE "INT"$`[1]. Führt auch dies nicht zum Erfolg, so sollten Sie Ihren zuständigen Software–Betreuer befragen.

Für Reduce existiert ein zusätzliches Paket ALGINT zur unbestimmten Integration von Funktionen, in denen Quadratwurzeln auftreten. Falls Sie solche Funktionen integrieren wollen, laden Sie dieses Paket nach:

```
clear x$
load_package algint$
int(1/sqrt(x**4+2*x**2),x);
```

Integrieren Sie beispielsweise x^4e^x, e^{x^2}, $1/(2x^2 - x - 1)$ bezüglich x, und prüfen Sie die Ergebnisse durch anschließende Differentiation nach:

```
clear x$
f:=x**4*e**x$
intf:=int(f,x);
f-df(intf,x);
  .
  .
```

3.7 Substitution mit SUB und Regel–Listen

Oft ist es wünschenswert, in bereits definierten Ausdrücken Teilausdrücke oder Variablen lokal durch neue Ausdrücke zu ersetzen, ohne irgendeine globale Bindung zu erzeugen, zu verändern oder zu zerstören. Gegeben sei ein *alter Ausdruck*, beispielsweise (X+Y)**3. Wir wollen etwa X durch Y-1 ersetzen, ohne globale Bindungen von X zu verändern. Der SUB–Operator leistet dies:

sub(*Variable*$_1$=*Ausdruck*$_1$, ... , *Variable*$_n$=*Ausdruck*$_n$, *alter Ausdruck*)

Er ersetzt jedes Auftreten von *Variable*$_i$ in *alter Ausdruck* durch *Ausdruck*$_i$. Der Wert, den SUB errechnet, ist der Wert von *alter Ausdruck*, nachdem die *Variable*$_1$ überall durch *Ausdruck*$_1$, die *Variable*$_2$ durch *Ausdruck*$_2$ usw. ersetzt wurden. Einige Beispiele:

```
clear a,b,x,y,x0$
a:=(x+y)**3$
b:=1+(x+x0)+(x+x0)**2/2+(x+x0)**3/6$
sub(x=1,a);                     % ergibt y**3+3*y**2+3*y+1
sub(x0=0,b);                    % ergibt x**3/6+x**2/2+x+1
sub(x=1,y=2,a);                 % ergibt 27
sub(y=1,x=y-1,a);               % ergibt Y**3
sub(x=pi/2,df(sin x**9*x**3/(x+1)**5,x,6));
                                % errechnet zuerst die 6. Ableitung
                                % und dann deren Wert fuer x=pi/2
```

[1]Statt LOAD_PACKAGE muß in Reduce 3.3 der Befehl LOAD verwendet werden.

In Abschnitt 1.7 hatten wir die Summenregel für die Reihe $1^4 + 2^4 + ... + n^4$ durch vollständige Induktion bewiesen. Dies kann nun ein bißchen durchsichtiger gestaltet werden:

```
clear n,k$
s:=n**5/5+n**4/2+n**3/3-n/30$         % allg. Formel fuer die Reihe
sub(n=1,s);                           % --> 1, d.h. gueltig fuer n=1
sub(n=k+1,s)-sub(n=k,s)-(k+1)**4;     % muss 0 sein, w.z.b.w.
```

Ab Reduce 3.4 gibt es mit Hilfe der Regel–Listen sowie dem `WHERE`–Operator eine weitere Möglichkeit, lokale Substitutionen durchzuführen:

Ausdruck `WHERE` $\{$*Variable*$_1$ `=>` *Ausdruck*$_1$`,` *Variable*$_2$ `=>` *Ausdruck*$_2$, ...$\}$

Auch dazu einige Beispiele:

```
clear x,y$
cos(x) where {x => pi};                          % ergibt -1
cos(x)*sin(y) where {x => pi, y => 3*pi/2};      % ergibt  1
a:=(x+y)**3$
a where {x => 1, y => 2};                        % ergibt 27
```

3.8 Hausaufgaben

1. Gegeben sei ein beliebiges Feld $a = \begin{pmatrix} a_{00} & a_{01} & a_{02} \\ a_{10} & a_{11} & a_{12} \\ a_{20} & a_{21} & a_{22} \end{pmatrix}$. Berechnen Sie den symmetrischen Teil $a_{(ij)} = (a_{ij} + a_{ji})/2$ und den antisymmetrischen Teil $a_{[ij]} = (a_{ij} - a_{ji})/2$, und weisen Sie diese den neuen Feldern b_{ij} und c_{ij} zu.
2. Programmieren Sie einen Algorithmus für die Taylor–Entwicklung einer beliebigen Funktion $f(x)$ an der Stelle $x = x_0$. Testen Sie Ihr Programm mit den folgenden Funktionen:

$$\begin{aligned} e^x &\quad \text{an der Stelle } x_0 = 0\,, \\ \log x &\quad \text{an der Stelle } x_0 = 1\,, \\ \sin x &\quad \text{an der Stelle } x_0 = 0\,, \\ \sinh\left[3\log(3 + x - x^2)\right] &\quad \text{an der Stelle } x_0 = 0\,. \end{aligned}$$

Überprüfen Sie für die ersten 5 Terme die Formeln:

$$\begin{aligned} e^{iz} &= \cos z + i \sin z\,, \\ \sin z &= -i \sinh iz\,, \\ \cos z &= \cosh iz\,. \end{aligned}$$

(Hinweis: Benutzen Sie eine Variable `FKT`, um die Funktion $f(x)$ darzustellen. `FKT` selbst sollte von einer beliebigen Variablen `X` abhängen. Benutzen Sie `FOR` und `SUB` bzw. `WHERE` und Regel–Listen, und entwickeln Sie an der Stelle `X0`.)

3. Berechnen sie die Eulerzahl e bis zu 10 Stellen hinter dem Komma. Benutzen Sie ggf. `ON ROUNDED$`, um die Dezimalform des Ergebnisses zu erhalten. (Es geht auch ohne `ON ROUNDED$`, indem man einen entsprechenden Algorithmus entwickelt.)
4. Berechnen Sie die folgenden Integrale:

$$\int_0^1 x^n e^x dx \qquad \text{für } n = 0\ldots10 \quad \text{(gibt es eine Rekursionsrelation?)},$$

$$\int_0^\pi \sin^5 x dx \qquad ,$$

$$\int_0^1 (a^n - x^m)^n dx \qquad \text{für } m,n = 1,2,3,4\,.$$

5. Beweisen Sie für $z = \log(x^2 + y^2)$:

$$\left(\frac{\partial z}{\partial x}\right)^2 + \left(\frac{\partial z}{\partial y}\right)^2 = 4e^{-z} \quad .$$

Hinweis: In Reduce 3.3 ist die Identität $e^{\log x} \equiv x$ nicht bekannt. Sie können jedoch die triviale Zuweisung `E**LOG(X**2+Y**2):=X**2+Y**2` einführen.

Kapitel 4

Vierte Vorlesung

Wir wenden uns nun weiteren Präfix–Operatoren zu, die von Reduce bereitgestellt werden. Einige Operatoren geben nach der Auswertung mehr als einen Wert zurück. Diese Werte werden in einer Liste abgelegt[1]. Eine Liste besteht dabei aus einer Menge von Elementen, die durch Kommata getrennt und von zwei geschweiften Klammern eingefaßt sind. Die Elemente können Ausdrücke oder wiederum Listen sein:

```
{el1,el2,el3,el4}
{a*(b+c)**4,{nichts},{y,n,g,q}}
```

Einige Operatoren wirken sogar auf Listen, die ihnen als Argumente übergeben werden. Daher ist es notwendig, Operatoren zur Verfügung zu haben, die etwa einzelne Elemente aus gegebenen Listen herausziehen oder neue Listen aufbauen können.

4.1 Operatoren, die auf Listen wirken

Die Operatoren `FIRST`, `SECOND` und `THIRD` geben das erste, zweite bzw. dritte Element einer Liste zurück:

```
second({a,b,c});                % ergibt b
```

Der Operator `PART`(*Liste, n*) gibt das n–te Element von *Liste* zurück:

```
part({a,b,c,d,e},4);            % ergibt d
```

Der Operator `REST` gibt die Liste ohne das erste Element zurück:

```
rest({a,b,c});                  % ergibt {b,c}
```

Mit Hilfe des `APPEND`–Operators ist man in der Lage, eine Liste an eine andere anzuhängen:

[1] Streng genommen gibt der Operator nur einen Wert zurück — nämlich die Liste!

```
append({a,b,c},{d,e});              % ergibt {a,b,c,d,e}
```

Ferner liefert REVERSE eine Liste, in der die Elemente in umgekehrter Reihenfolge angeordnet sind:

```
reverse({a,b,{c,d},e});             % ergibt {e,{c,d},b,a}
```

Der Punkt– oder CONS–Operator . fügt ein Element am Anfang einer Liste ein. Schließlich liefert LENGTH die Anzahl der Elemente einer Liste:

```
a:={alpha,2*beta,gamma/delta}$
second(a);                          % ergibt 2*beta
rest(a);                            % ergibt {2*beta,gamma/delta}
append({1,2,3,4},reverse(a));       % ergibt {1,2,3,4,gamma/delta,
                                    %           2*beta,alpha}
(2*6) . rest(a);                    % ergibt {12,2*beta,gamma/delta}
cons((2*6),rest(a));                % alternativ in Praefix-Form
length(a);                          % ergibt 3
```

KREISE IM KORNFELD–WAR ES EIN UFO ODER WAR ES REDUCE ?

4.2 Jede Gleichung hat zwei Seiten

Normalerweise können mathematische Gleichungen, wie beispielsweise die für einen Kreis mit dem Radius r, welche in kartesischen Koordinaten

$$x^2 + y^2 = r^2$$

lautet, auf der obersten Ebene (engl. top level) nicht direkt in Reduce übersetzt werden. Jedoch kann man eine solche Gleichung der Form

$$Ausdruck_l = Ausdruck_r$$

als Argument für einige Operatoren verwenden. Die linke bzw. rechte Seite einer solchen Gleichung kann durch die Operatoren LHS (engl. left hand side) bzw. RHS (engl. right hand side) bestimmt werden:

```
lhs(x**2+y**2=r**2);                % ergibt x**2+y**2
rhs(x**2+y**2=r**2);                % ergibt r**2
```

Es werden noch andere Operatoren wie SOLVE oder COEFF beschrieben, die auf Gleichungen angewendet werden können.

4.3 Lösen von (nicht–)linearen Gleichungen

Der SOLVE–Operator löst sowohl Systeme von linearen als auch einzelne nichtlineare algebraische Gleichungen. Seine Syntax ist:

solve($Ausdruck_1$, $Variable_1$)

oder

solve({$Ausdruck_1$, ... ,$Ausdruck_n$ },{ $Variable_1$, ... ,$Variable_n$})

SOLVE versucht beim Aufruf, $Ausdruck_1$=0, ... ,$Ausdruck_n$=0 bezüglich der unbekannten Variablen $Variable_1$, ... ,$Variable_n$ zu lösen. Die Ergebnisse werden in Form einer Liste zurückgegeben:

```
clear x,y$
solve({const*x+y=3,y+2=0},{x,y}); % Berechnung der Loesungen x,y
                                  % des linearen Gleichungssyst.
```

Falls nur *eine* unbekannte Variable auftritt, stellt jedes Element der zurückgegebenen Liste eine Lösung für die Unbekannte dar. Wird eine vollständige Lösung gefunden, so erscheint die Unbekannte auf der linken Seite der Gleichung:

```
clear x,y$
solve(log(sin(x+3))**5-8,x);      % Berechnung der Nullstellen von
                                  % log(sin(x+3))**5-8
solve(1/(1+x**2) = y, x);         % Berechnung der zu y=1/(1+x**2)
                                  % inversen Funktion
```

Wenn man möchte, daß mehrfach auftretende Lösungen explizit angegeben werden, kann man dies mit ON MULTIPLICITIES erzwingen. Dieser Schalter ist allerdings erst seit Reduce 3.4 implementiert. Die globale Variable MULTIPLICITIES!*, die es auch schon in Reduce 3.3 gab, enthält die Liste der Multiziplitäten der einzelnen Lösungen entsprechend dem letzten Aufruf von SOLVE.

Für den Fall, daß SOLVE nicht erfolgreich ist, wird die „Lösung“ eine Gleichung für die Unbekannte(n) sein.

Wir können aus der Lösungsliste eine bestimmte Lösung herausziehen, indem wir die Operatoren FIRST, SECOND, THIRD, REST und LHS, RHS benutzen:

```
clear x$
loesung:=solve(x**2-1,x);
l1:=rhs(first(loesung));
l2:=rhs(second(loesung));
```

Reduce — und damit auch dem SOLVE-Operator — sind mehrere Umkehr-Funktionen bekannt, z.B. die von LOG, SIN, COS, **, ACOS, ASIN. Schlagen Sie für weitere Informationen über den SOLVE-Operator bitte in Abschnitt 7.8 Ihres Reduce-Handbuchs nach.[2]

Beispiele:

- Bestimmen Sie die lokalen Minima und Maxima von $f(x) = 3x^3 - 7x + 1$:

```
clear x$
solve(df(3*x**3-7*x+1,x),x);
```

- Berechnen Sie dy/dx aus der Gleichung $\log(x^2 + y^2) = 2\arctan(x/y)$:

```
clear y,x$
depend y,x$
f:=log(x**2+y**2)-2*atan(x/y)$          % = 0
solve(df(f,x),df(y,x));
```

- Gegeben seien die Gleichungen:

$$
\begin{aligned}
y_1 &= 6x_1 + 2x_2 + 3x_3\,,\\
y_2 &= 4x_1 + 5x_2 - 2x_3\,,\\
y_3 &= 7x_1 + 2x_2 + 4x_3\,.
\end{aligned}
$$

  Finden Sie das inverse Gleichungssystem:

```
k:=solve( {6*x1+2*x2+3*x3=y1,
           4*x1+5*x2-2*x3=y2,
           7*x1+2*x2+4*x3=y3}, {x1,x2,x3} );
k:=first(k);
```

Der SOLVE-Operator ist Teil eines separaten Reduce-Pakets. Falls es nicht automatisch geladen wird, versuchen Sie es mit dem Befehl LOAD_PACKAGE SOLVE$.

[2] Im Handbuch zu Reduce 3.3 wird der SOLVE-Operator in Abschnitt 7.7 behandelt.

4.4 Zerlegen von Polynomen und rationalen Funktionen

Der Zähler (engl. numerator) und der Nenner (engl. denominator) einer rationalen Funktion werden wie folgt bestimmt:

`num` *Ausdruck*	liefert den Zähler von *Ausdruck*
`den` *Ausdruck*	liefert den Nenner von *Ausdruck*

Beispiele sind:

```
clear a,b,c$
a:=b/c$
num a;                              % ergibt b
den a;                              % ergibt c
num (a**2);                         % ergibt b**2
den(100/6);                         % ergibt 3, da das Argument zuerst
                                    % zu 50/3 ausgewertet wird!
num(b/4+c/6);                       % ergibt 3*b + 2*c
```

Beispiel: Werten Sie die Funktion

$$\frac{(x+1)^2 \sin x}{x^3 + 13x^2 + 50x + 56}$$

an den Stellen $x = -10, -7, -4, -1$ aus. Falls der Nenner 0 ist, soll die (ungebundene) Variable `UNENDLICH` zurückgegeben werden:

```
clear x$
fkt:=(x+1)**2*sin(x)/(x**3+13*x**2+50*x+56)$
for each k in {-10,-7,-4,-1,0} collect
  if sub(x=k,den(fkt)) neq 0 then sub(x=k,fkt)
  else (if sub(x=k,num(fkt))=0 then unbestimmt else unendlich);
```

Die Koeffizienten eines Polynoms bezüglich einer Variablen können durch

`coeff(`*Polynom, Variable*`)`

bestimmt werden. Es wird eine Liste zurückgegeben, welche die Koeffizienten von *Polynom* bezüglich *Variable* umfaßt. Der Koeffizient der höchsten Potenz von *Variable* ist dabei das letzte Element der Liste. Die Länge `LENGTH` der Liste ist um 1 größer als die höchste Potenz von *Variable* in *Polynom*:

```
clear x$
coeff(x**2+2*x*y+y**2,x);      % ergibt {y**2,2*y,1}
```

Normalerweise kann `COEFF` nur bei Ausdrücken verwendet werden, die keinen von *Variable* abhängigen Nenner besitzen. Um die Überprüfung des Nenners zu verhindern, muß der Schalter `RATARG` eingeschaltet werden. Dann wird lediglich der Zähler von `COEFF` bearbeitet und das Ergebnis ist, wie gewünscht, die Liste dieser Koeffizienten dividiert durch den vorgegebenen Nenner:

```
clear x$
a:=(5*x+1)**3/x$
coeff(a,x);                      % fuehrt zu einem Fehler
on ratarg$
coeff(a,x);                      % ergibt {1/x,15/x,75/x,125/x}
```

Der zu COEFF ähnliche Operator

coeffn(*Polynom, Variable, n*)

gestattet es, den Koeffizienten der n-ten Potenz von *Variable* in *Polynom* zu bestimmen, wie z.B. bei

```
coeffn((2*x+y)**3,x,3);          % ergibt 8
```

Der PART-Operator gibt dem Benutzer die Möglichkeit, gezielt auf bestimmte Teile eines Ausdrucks zuzugreifen. Ihn sinnvoll benutzen zu können setzt allerdings voraus, daß man genau weiß, wie Reduce-Ausdrücke, unter Berücksichtigung aller Schalterstellungen, intern dargestellt werden. Genaueres hierzu findet man im Reduce-Handbuch in den Abschnitten 8.5.3 und 8.5.4.

4.5 Den Programmablauf mit logischen Operatoren steuern

Um den Ablauf eines Programmes zu kontrollieren, ist es sehr nützlich, Eigenschaften von Ausdrücken zu bestimmen und Ausdrücke in bestimmter Weise zu vergleichen. Entsprechende Präfix- und Infix-Operatoren helfen uns zu entscheiden, wie eine Berechnung fortzusetzen ist.

Die folgenden Infix-Operatoren vergleichen Ausdrücke oder Zahlen:

equal	oder	=	
neq			
greaterp	oder	>	(Argumente sind Zahlen)
lessp	oder	<	"
leq	oder	<=	"
geq	oder	>=	"

Es gibt mehrere Präfix-Operatoren, sogenannte Prädikate, die nachprüfen, ob ein Ausdruck eine bestimmte Eigenschaft besitzt:

numberp(*Ausdruck*)	ist wahr, falls *Ausdruck* eine Zahl ist
fixp(*Ausdruck*)	ist wahr, falls *Ausdruck* eine ganze Zahl ist
evenp(*Ausdruck*)	ist wahr, falls *Ausdruck* eine gerade Zahl ist
primep(*Ausdruck*)	ist wahr, falls *Ausdruck* eine Primzahl ist
freeof(*Ausdruck, Variable*)	ist wahr, falls *Variable* in *Ausdruck* nicht enthalten ist

Beachten Sie, daß der PRIMEP–Operator erst in Reduce 3.4 implementiert ist. Ein jeder dieser logischen Operatoren ergibt NIL (falsch), wenn *Ausdruck* die gefragte Eigenschaft nicht besitzt. Weitere logische Operatoren werden im Reduce–Handbuch beschrieben.

4.6 Mitteilungen schreiben

Besonders in komplizierten Programmen ist es manchmal nützlich, Mitteilungen oder Warnungen auszugeben oder die Rechnung mit einer Fehlermeldung abzubrechen. Für den ersten Zweck liefert Reduce die Schreibanweisung:

write $Argument_1$, ... ,$Argument_n$

Der Wert von $Argument_i$ wird ermittelt und anschließend ausgegeben. Die Auswertung wird jedoch unterdrückt, falls $Argument_i$ eine von Anführungsstrichen eingefaßte Zeichenkette ist. In diesem Fall wird die Zeichenkette unverändert ausgegeben. Beispiele sind:

```
write "Programm gestartet";
if fixp(n) and n>0
  then for m:=2:n product m
  else write n," ist keine natuerliche Zahl!";
write b:=e**x," wurde zugewiesen";
array quadrat(10)$
for m:=0:10 do
        << quadrat(m):=m**2$
           write "Element ",m," ist ",quadrat(m)>>$
```

Sie können REDERR (*Red*uce *Err*or) anstelle von WRITE benutzen, um Ihr Programm mit einer Fehlermeldung abzubrechen:

rederr "*Zeichenkette*"

Die Fehlermeldung wird mit fünf Sternen ausgegeben.

Im folgenden Beispiel wollen wir die in Abschnitt 4.4 definierte Funktion

$$fkt = \frac{(x+1)^2 \sin x}{x^3 + 13x^2 + 50x + 56}$$

an den Stellen $x = -10$ und $x = -7$ auswerten:

```
clear x$
fkt:=(x+1)**2*sin(x)/(x**3+13*x**2+50*x+56)$

if sub(x=-10,den fkt)=0
   then rederr "Nenner ist 0"
   else sub(x=-10,fkt);
```

```
if sub(x=-7,den fkt)=0
   then rederr "Nenner ist 0"
   else sub(x=-7,fkt);
```

4.7 Wie Sie Ihre eigenen Operatoren definieren

Zusätzlich zu den Operatoren, die von Reduce bereitgestellt werden, kann der Benutzer selbst neue Operatoren mit der OPERATOR–Anweisung

operator *Operatorname*$_1$, ... ,*Operatorname*$_n$

deklarieren. Die Argumente werden in der OPERATOR–Anweisung nicht angegeben. Nach der Deklaration können die Operatoren jedoch mit Argumenten benutzt werden, genau wie SIN, COS usw.:

```
clear f,k,m,n$
operator f$
f(m);
f(n):=n**4+h**3+p**2;
f(4,k):=g;
```

Falls einem Operator mit einem bestimmten Argument, beispielsweise F(N), ein Ausdruck (hier N**4+H**3+P**2) zugewiesen wird, welcher das Argument (hier N) des Operators enthält, dann ist dies lediglich eine spezielle Zuweisung. Es wird *keine* allgemeine funktionale Beziehung zwischen dem Argument des Operators und dem gleichen Bezeichner hergestellt, der in dem zugewiesenen Ausdruck auftaucht. Solch eine Beziehung kann nur mit Hilfe von Regel–Definitionen, die in Abschnitt 4.8 und 5.2 diskutiert werden, geschaffen werden. Wir wollen diesen ziemlich schwierigen Punkt folgendermaßen veranschaulichen:

```
f(n):=n**4+h**3+p**2$
f(k);                   % ergibt nicht den Wert
                        % k**4+h**3+p**2, sondern lediglich f(k)
f(n);                   % liefert wieder n**4+h**3+p**2
```

Ein neu erzeugter Operator, dem bislang kein Wert zugewiesen wurde, besitzt seinen eigenen Namen einschließlich seiner Argumente als Wert (im Gegensatz zu den Elementen eines Feldes, welche anfänglich den Wert Null tragen und niemals den Feldnamen mit seinen Indizes als Wert besitzen können!). Diese Operatoren haben keine Eigenschaften, bis Regeln eingeführt werden.

Beispiel: Für den Operator LOG10, der den Zehner–Logarithmus $\log_{10}$ darstellt, wollen wir die Werte für $\log_{10}(1)$, $\log_{10}(10)$, $\log_{10}(100)$ und $\log_{10}(1000)$ definieren. Benutzer von Reduce 3.3 müssen den Operator LOG10 erst deklarieren, da dieser erst in der Version 3.4 dazugekommen ist. Bei der neuen Version lassen Sie diese Deklaration einfach weg:

```
operator log10$                      % deklariert log10 als Operator
```

und nun für alle:

```
log10(1):=0$                         % weist log10(1) den Wert 0 zu
log10(10):=1$                        % usw.
log10(100):=2$
log10(1000):=3$

log10(50+2*20+10);                   % testen Sie log10
log10((x+3*y)**2)*log10(10);
log10(10*1000);
```

4.8 Regel–Listen und LET–Anweisung

Im letzten Abschnitt hatten wir gelernt, daß ein vom Benutzer definierter Operator, mit einem bestimmten Argument aufgerufen, nur dann zu einem bestimmten Ausdruck ausgewertet wird, falls vorher eine entsprechende Zuweisung erfolgte. Es wäre jedoch nützlich, allgemeine Regeln für einen Operator definieren zu können, nach denen dieser wie eine mathematische Funktion auf seine Argumente wirkt. Beispielsweise sollte der oben angegebene Operator log_{10} immer dann n ergeben, wenn das Argument 10^n ist.

In Reduce kann man solch allgemeine Regeln für Operatoren einführen, indem man entsprechende Regel–Listen definiert und mit LET als globale Regeln aktiviert:

let {*Regel*$_1$, ... ,*Regel*$_n$}

Bei der Einführung wollen wir schrittweise vorgehen und zunächst analog zu Abschnitt 4.7 statische Regeln für einzelne Ausdrücke definieren. Eine derartige Regel hat die Form

Ausdruck$_1$ => *Ausdruck*$_2$

Das Ersetzungszeichen (engl. replacement sign) => wird ausschließlich in den verschiedenen Varianten der Regel–Listen verwendet und kann wie folgt gesprochen werden: *Ausdruck*$_1$ „wird zu“ *Ausdruck*$_2$.

Mit Regel–Listen sieht eine äquivalente Definition unseres Operators LOG10 von Abschnitt 4.7 folgendermaßen aus:

```
operator log10$                      % falls noch nicht deklariert
let { log10(1)    => 0,
      log10(10)   => 1,
      log10(100)  => 2,
      log10(1000) => 3 }$
```

Überprüfen Sie die Wirkung am folgenden Beispiel:

```
clear k$
test:=log(k)*sin(k)*log10(k)$
k:=10$                          % Sie koennten natuerlich auch
                                %  let {k => 10}$   eingeben
test;                           % das Ergebnis ist log(10)*sin(10)
```

In der gleichen Weise ist es möglich, Regeln für Infix–Operatoren zu definieren:

```
clear x,a,b,w$
let {x => y}$
let {a*b => c, l+m => n}$
let {w**3 => y**2}$
```

Entsprechend der Regel–Liste ergibt sich `X**5+1` zu `Y**5+1`. Die Regel `A*B => C` bedeutet, daß, falls sowohl `A` als auch `B` Faktoren in einem Ausdruck sind, ihr Produkt durch `C` ersetzt wird. `A**3*C*B**6;` ergibt beispielsweise `B**3*C**4`.

Im Gegensatz zu Regeln mit Produkten, interpretiert Reduce eine Regel, die einen Ausdruck mit `+`, `-`, oder `/` enthält, in folgender Weise: Bis auf den ersten Term der linken Seite, wird alles auf die rechte Seite der Gleichung gebracht. Beispiel: Die Regel `L+M => N` wird nicht nur Terme `L+M` durch `N` ersetzen, sofern sie auftreten, sondern auch `L` durch `N-M`. Jedoch würde `M` nicht durch `N-L` ersetzt. Geben Sie

```
l*(l+m);
```

ein. Es ergibt sich `(N-M)*N`. In diesem Zusammenhang muß allerdings darauf hingewiesen werden, daß Reduce die von uns eingegebenen Ausdrücke z.T. schon vor der eigentlichen Verarbeitung umordnet. Die Regeln, nach denen Reduce hierbei vorgeht, sind nicht fest definiert und können von System zu System variieren. Einige Reduce–Systeme sortieren z.B. die Bezeichner alphabetisch, andere lassen die Reihenfolge so, wie sie der Benutzer eingegeben hat. Es kann also sein, daß Reduce einen Term auf der linken Seite isoliert, den Sie vielleicht gar nicht als ersten Term der linken Seite eingegeben haben! Wenn Sie also sicher gehen wollen, daß `LET { VORNE - HINTEN => DADA }` nicht zu `LET { HINTEN => -DADA + VORNE }` „verunstaltet" wird, dann sollten Sie Reduce keine Wahl lassen. Indem Sie `LET { VORNE => DADA + HINTEN }` eingeben, sind Sie gegen derartige Überraschungen gefeit.

Die soeben definierte Regel `W**3 => Y**2` wird bei jeder Potenz von `W` greifen, die größer oder gleich der dritten ist:

```
clear w,y$
let {w**3 => y**2};
w**4*y;                         % ergibt w*y**3
w**2*y;                         % ergibt w**2*y
```

Geben Sie

```
clear z$
let {z**4 => 0}$
```

ein und schauen Sie, was geschieht:

```
z**3;                          % ergibt z**3
z**5;                          % ergibt 0
z**n;                          % ergibt z**n
```

Diese einfache Form globaler Regeln bewegt sich auf derselben logischen Stufe wie Zuweisungen durch := . Eine Zuweisung `X:=P+Q` hebt eine Regel der Art `LET {X => Y**2}`, die vorher global definiert wurde, auf und umgekehrt.

Geben Sie acht, Regeln können rekursiv sein, was wir später ausnutzen werden. Daher ist es möglich, Regeln wie

```
clear x$
let {x => x+1}$
```

zu definieren. Falls `X` bislang ungebunden war, wird es jedoch bei der Auswertung eines Ausdrucks, in dem `X` vorkommt, eine unendliche Schleife ergeben, weil es für die Auswertung kein definiertes Ende gibt:

`x` ergibt `x+1` ergibt `(x+1)+1` ergibt ...

Reduce wird die Berechnung nach einiger Zeit mit einer Fehlermeldung abbrechen.

Wichtige Beispiele für den Gebrauch von Regel–Listen sind funktionale Beziehungen zwischen trigonometrischen Funktionen:

```
clear v,z$
let { (sin v)**2 => 1-(cos v)**2 }$

4*(sin v)**2 + 4*(cos v)**2;  % ergibt 4
4*(sin v)**2 + 2*(cos v)**2;  % ergibt 4-2*(cos v)**2
4*(sin z)**2 + 4*(cos z)**2;  % ergibt 4*(sin z)**2+4*(cos z)**2
4*(sin z)**2 + 2*(cos z)**2;  % ergibt 4*(sin z)**2+2*(cos z)**2
```

Diese Regel zwingt Reduce, jedes Auftreten von `(SIN V)**2` in jedem Ausdruck durch `1-(COS V)**2` zu ersetzen. Wie Sie aus den letzten beiden Beispielen entnehmen können, greift die von uns definierte Regel nur bei `SIN V`, nicht aber bei `SIN Z`.

Da es die Regel–Listen erst seit Reduce 3.4 gibt, wollen wir hier auch die älteren Regeldefinitionen beschreiben, die bis einschließlich Reduce 3.3 das einzige Mittel waren, Regeln zu definieren. In ihrer Verwendung unterscheiden sie sich nicht wesentlich von den Regel–Listen, die wir in diesem Abschnitt benutzt hatten. Überall dort, wo bei den Regel–Listen das Ersetzungszeichen => steht, steht in den älteren Regeln ein = . Die einzelnen Regeln werden ebenfalls durch Kommata getrennt, jedoch nicht von geschweiften Klammern eingefaßt.

```
let log10(1)    = 0,
    log10(10)   = 1,
    log10(100)  = 2,
    log10(1000) = 3$
```

Benutzern von Reduce 3.4 empfehlen wir, die Regel-Listen zu verwenden, da nicht sicher ist, ob die alten Regeln in späteren Versionen noch unterstützt werden.

4.9 Hausaufgaben

1. Bestimmen Sie die ersten 10 Koeffizienten der Taylor-Entwicklung für $\log(x^3+3)\sin x$ an der Stelle $x = 0$. Benutzen Sie unsere Prozedur zur Taylor-Entwicklung aus Abschnitt 3.8. Weisen Sie den 4. Koeffizienten einer neuen Variable als Wert zu.
2. Stellen Sie fest, ob die Funktion $y(x) = 4x^4 + 3x^3 + 2x^2 + 1$ Wendepunkte besitzt.
3. Es sei die Ellipse $x^2/a^2 + y^2/b^2 = 1$ gegeben. Bestimmen Sie das Rechteck maximaler Fläche innerhalb der Ellipse.
4. Berechnen Sie dy/dx in Abhängigkeit von x und y für die Funktion $y(x)$, welche implizit durch $x^2 + y^2 - 4x + 3y - 2 = 0$ gegeben ist.
5. Definieren Sie einen neuen Operator `DELTA`, mit den Eigenschaften des Kronecker-Symbols δ_{ij}, $i,j = 0,1,2,3$. Führen Sie `DELTA` mit einer Regel-Liste ein.
6. Berechnen Sie die Bernoullischen Zahlen B_n aus der Gleichung

$$\frac{t}{e^t - 1} = \sum_{n=0}^{\infty} \frac{B_n t^n}{n!}$$

(Hinweis: Zeigen Sie

$$t = \sum_{n=1}^{\infty} \frac{t^n}{n!} \times \sum_{n=0}^{\infty} \frac{B_n t^n}{n!} = \sum_{n=0}^{\infty} \sum_{k=0}^{n} \frac{B_k}{(n-k)!k!} t^n - \sum_{n=0}^{\infty} \frac{B_n t^n}{n!},$$

und vergleichen Sie die Koeffizienten.)

7. Verifizieren Sie, daß die Funktion $z(x,y) = (x+y)^3 - 12xy$ stationäre Punkte bei $(0,0)$ und $(1,1)$ besitzt. Ist es jeweils ein Minimum, ein Maximum oder ein Sattelpunkt?

Kapitel 5

Fünfte Vorlesung

Die im letzten Kapitel eingeführten Regel–Listen werden noch detaillierter besprochen und anhand von Beispielen geübt. Dann wenden wir uns u.a. nichtkommutativen Operatoren zu, wie sie beispielsweise in der Quantenmechanik auftreten. Schließlich zeigen wir, wie man eigene Prozeduren definieren kann, um damit komplexere Aufgaben zu lösen.

5.1 Regel–Listen aktivieren und deaktivieren

Regel–Listen kann man Variablen zuweisen, so daß sie später über die Variable leicht mit `LET` aktiviert oder auch wieder mit `CLEARRULES` deaktiviert werden können:

```
zehnlog:={ log10(1)    => 0,
           log10(10)   => 1,
           log10(100)  => 2,
           log10(1000) => 3 }$

log10(100);                     % ergibt log10(100)
let zehnlog$
log10(100);                     % ergibt 2
clearrules zehnlog$
log10(1)+log10(10);             % ergibt log10(1)+log10(10)
```

Eine weitere Möglichkeit ist die lokale Anwendung von Regel–Listen mit Hilfe des Operators `WHERE`, der schon in Abschnitt 3.7 eingeführt wurde:

Ausdruck `where` *Regel–Liste*

Beispiel:

```
clear x,y$
trig1:={cos(x)*cos(y) => (cos(x+y)+cos(x-y))/2}$
a:=(cos(x) + x);
b:=(cos(y) + 2);
```

```
c:=a*b where trig1;
d:=a*b;
c;
d;
```

TRIG1 trägt im obigen Beipiel die Regeldefinition für die Kosinus-Multiplikation und ist nur bei der Zuweisung an C aktiv.

5.2 Mehr über Regel–Listen

In Kapitel 4 hatten wir Operatoren definiert, um mathematische Funktionen, die Reduce nicht bereithält, verwenden zu können. Bis jetzt ist es allerdings noch nicht möglich, Operatoren auf beliebige Argumente wirken zu lassen, also etwa die Regel $\sin^2 x + \cos^2 x = 1$ für beliebige x in Reduce einzuführen. Dazu markieren wir das erste auftretende X mit einer Tilde (~). Reduce „weiß" dann, daß nicht das spezielle X, sondern eine *beliebige* Variable gemeint ist:

```
clear a,b,c$
let { (sin ~x)**2 => 1-(cos x)**2,          % Regel mit Tilde
      a**2        => c**2-b**2   }$          % Regel ohne Tilde
(sin z)**2 + (cos z)**2;                     % ergibt 1
a**2 + b**2;                                 % ergibt c**2
x**2 + y**2;                                 % wird nicht ersetzt
```

Mit dieser Kenntnis gewappnet, verallgemeinern wir nun die Definition unseres Operators LOG10. Wir führen Regeln für Multiplikation, Division und Exponentiation ein:

```
let { log10(~n*~m)  => log10(n)+log10(m),
      log10(~n/~m)  => log10(n)-log10(m),
      log10(~m**~n) => n*log10(m) }$
a:=x**2*y/z**6$
b:=log10(z**6)$
log10(a);        % ergibt 2*log10(x)+log10(y)-6*log10(z)
log10(a*b);      % ergibt 2*log10(x)+log10(y)-6*log10(z)
                 %                + log10(6)+log10(log10(z))
```

5.3 Beispiele: Fakultät und Binomialkoeffizienten

Manchmal sollen Regeln nur unter bestimmten Bedingungen gültig sein. Dafür gibt es eine erweiterte Form der Regeldefinition:

{ *Ausdruck*$_1$ => *Ausdruck*$_2$ when *logischer Ausdruck* }

Falls der *logische Ausdruck* zum Zeitpunkt der Auswertung wahr ist, kommt die Regel zur Anwendung, andernfalls nicht.

Wir definieren als erstes einen Operator, der die Fakultäten einer natürlichen Zahl berechnet. Zwar existiert dafür in Reduce 3.4 bereits der Operator `FACTORIAL`, jedoch ist dies eine gute Übung, um mit der Handhabung von Regeln vertraut zu werden. Reduce-Benutzer mit einer älteren Version werden diesen Operator sowieso definieren müssen. Unser Operator berechnet die Fakultät nur dann, falls sein Argument eine positive ganze Zahl ist:

```
operator fakultaet$
let { fakultaet(~n) => (for k:=1:n product k)
                        when fixp n and n > 0,
      fakultaet(0)  => 1 }$

fakultaet(7);                       % ergibt 5040
fakultaet(u);                       % ergibt fakultaet(u)
fakultaet(4/3);                     % ergibt fakultaet(4/3)
fakultaet(8/2);                     % ergibt 24
```

Der logische Operator `FIXP`, der die Ganzzahligkeit prüft, wurde bereits in Abschnitt 4.5 eingeführt.

Karikatur von R. O'Keefe, New York, März 1988

Als eine weitere Übung wollen wir einen Operator definieren, der Legendre–Polynome gemäß der Regel

$$P_n(x) = \frac{1}{n!}\frac{d^n}{dy^n}\frac{1}{\sqrt{y^2-2xy+1}}\bigg|_{y=0}$$

berechnet. Differenziert wird dabei die erzeugende Funktion der Legendre–Polynome. Wir benutzen den Operator `FAKULTAET`, welchen wir zuvor definiert hatten:

```
clear y$
operator lp$
let { lp(~x,~n) => sub(y=0,df(1/sqrt(y**2-2*x*y+1),y,n))
                   /fakultaet(n) when fixp n }$

lp(x,3);
lp(x,n);
```

Regeln können — in Übereinstimmung mit der Struktur der Reduce zugrunde liegenden Sprache Lisp — rekursiv verwendet werden. Alternativ zu `FAKULTAET` wollen wir einen neuen Fakultäts-Operator `RFAKULTAET` definieren, indem wir die Rekursionsformel $n! = n(n-1)!$ und zudem die Definition $0! = 1$ benutzen:

```
operator rfakultaet$
let { rfakultaet(~n) => n*rfakultaet(n-1) when fixp n and n > 0,
      rfakultaet(0)  => 1 }$

rfakultaet(3);                  % ergibt 6
```

`RFAKULTAET` wird mit einem ganzzahligen Argument aufgerufen, hier 3. Deshalb wird gemäß der ersten Regel das Produkt des Arguments 3 und dem Wert von `RFAKULTAET(3-1)` berechnet. Da `RFAKULTAET(2)` ausgewertet `2*RFAKULTAET(1)` ergibt und, laut Regel `RFAKULTAET(1)=1*RFAKULTAET(0)=1*1=1` ist, wird das Produkt `3*2*1*1` berechnet und als Wert von `RFAKULTAET(3)` zurückgegeben. Die Regel `RFAKULTAET(0)=1` ist immer die Abbruchbedingung für die rekursive Regel.

Die Rekursivität von Regeln wollen wir uns zu Nutze machen und unseren Logarithmus-Operator erweitern. Um die Regel $\log_{10} 10^n = n$ auf Ganzzahlausdrücke für n zu erweitern, definieren wir die Regel $\log_{10} n = \log_{10}(n/10) + 1$ für Ausdrücke n, die ein vielfaches von 10 sind:

```
let { log10(~n)     => log10(n/10) + 1
                       when  n>0 and fixp(n/10) }$
```

Wir prüfen unseren Operator mit $\log_{10} 200$, $\log_{10} 345$, $\log_{10}(23/3700)$, $\log_{10} 20^b$, $\log_{10} 20^3$:

```
clear b$
log10(200);
log10(345);
log10(23/3700);   % wird auch entwickelt, da die Divisions-Regel
                  % vorhanden ist, s.o.
log10(20**b);     % was passiert, falls b ungebunden ist?
b:=3$
log10(20**b);
```

Der Operator `LOG10` in diesem Beispiel arbeitet rekursiv. Die Auswertung von `LOG10` wird immer dann beendet, wenn das Argument, geteilt durch 10, keine ganze Zahl mehr ist. Natürlich können Sie auch äquivalente Regeln für den Operator LOG10 programmieren, bei denen die rekursive Auswertung aufhört, wenn das Argument kleiner als 1 wird.

Als nächstes wenden wir uns einem Operator für $\text{bin}(n,p) := \binom{n}{p}$ zu, der die Binomialkoeffizienten berechnet. Mit Hilfe dieses Operators wollen wir die Regeln

$$\binom{n}{p} + \binom{n}{p+1} = \binom{n+1}{p+1}$$
$$\binom{n}{p} \cdot \frac{n-p}{p+1} = \binom{n}{p+1}$$

beweisen. Für diesen Zweck definieren wir zuerst den Operator `NFAKULTAET` so, daß `NFAKULTAET(N+M)` den Wert

`nfakultaet(n) * (n+1)*(n+2)* ... *(n+m-1)*(n+m)` *falls* `m` > 0

bzw. den Wert

`nfakultaet(n) / ( n*(n-1)* ... *(n+m+2)*(n+m+1) )` *falls* `m` < 0.

ergibt. Dieser Mechanismus führt uns zu einer normierten Form für `NFAKULTAET` und erlaubt Reduce, gleiche Koeffizienten aus Zähler und Nenner zu kürzen:

```
operator nfakultaet$

let { nfakultaet(~n+~m) => (if m>0
                             then nfakultaet(n+m-1)*(n+m)
                             else nfakultaet(n+m+1)/(n+m+1) )
                           when fixp(m) and m neq 0 }$
% testen
nfakultaet(k+5);         % ergibt nfakultaet(k)*(k**5 + 15*k**4
                         %        + 85*k**3 + 225*k**2 + 274*k + 120)

nfakultaet(k-5);         % ergibt nfakultaet(k)/(k*(k**4
                         %        - 10*k**3 + 35*k**2 - 50*k + 24))
```

Die Definition von $\text{bin}(n,p) := \binom{n}{p}$ benutzt dann unseren neuen Fakultätsoperator `NFAKULTAET`:

```
operator bin$

let { bin(~n,~p) => nfakultaet(n)/
                    (nfakultaet(p)*nfakultaet(n-p)) }$
```

Nun können die oben genannten Regeln leicht überprüft werden:

```
bin(n,p)+bin(n,p+1)-bin(n+1,p+1);                % sollte 0 sein
bin(n,p)*(n-p)/(p+1)-bin(n,p+1);                 % sollte 0 sein
```

Anmerkung zu Reduce 3.3:

Wie bereits mehrfach erwähnt, existieren in Reduce 3.3 keine Regeldefinitionen in der beschriebenen Form. Regeln der alten Art lassen sich nicht Variablen zuweisen und sind deshalb sofort und global wirksam. Wie die neuen Regel–Listen lassen sie sich für beliebige Variablen definieren und durch Bedingungen einschränken. Die Definition von Regeln lautet hier wie folgt:

```
for all Variable1, ... ,Variablen such that logischer Ausdruck
        let Regel1, ... ,Regeln $
```

Die Angaben zu den Regel–Listen lassen sich einfach übertragen: Die lokalen Variablen, gekennzeichnet durch eine Tilde entsprechen hier *Variable*$_1$,..., *Variable*$_m$, allerding ohne die Tilde, und der logische Ausdruck in der `WHEN`-Bedingung folgt hier nach den Schlüsselworten `SUCH THAT`. Zur Verdeutlichung noch einmal die Regeldefinition für den rekursiven Fakultäts–Operator, diesmal jedoch mit Hilfe der älteren Regeln:

```
for all n such that fixp n and n > 0
      let rfakultaet(n) = n*rfakultaet(n-1)$
let rfakultaet(0) = 1$
```

5.4 Löschen selbstdefinierter Regeln

Wie in Abschnitt 1.1 erwähnt wurde, ist es manchmal notwendig, den einmal zugewiesenen Wert einer Variablen oder eines Ausdrucks zu löschen. Hierzu wird der Operator `CLEAR` verwendet:

```
clear Ausdruck1, ... ,Ausdruckn$
```

Dabei wird jegliche frühere Zuweisung zu *Ausdruck*$_1$, ... ,*Ausdruck*$_n$ gelöscht. Beispiele sind:

```
clear x,y,r,s$
a:=(x+y)**2$
u:=a+(r+s)**2$
x:=1$
a;                                  % ergibt (1+y)**2
u;                                  % ergibt (1+y)**2 + (r+s)**2
clear x$
a;                                  % ergibt (x+y)**2
u;                                  % ergibt (x+y)**2 + (r+s)**2
clear a$
a;                                  % ergibt a
u;                                  % ergibt (x+y)**2 + (r+s)**2
```

Es ist *nicht* möglich, ein einzelnes Element eines Feldes zu löschen:

```
clear a$
array a(7)$
for l:=0:7 do a(l):=(x+1)**l$
clear a(5)$
for l:=0:7 do write a(l);          % A(5) ist nicht(!) geloescht
```

Allerdings können Sie das ganze Feld löschen (die Deklaration wird rückgängig gemacht):

```
clear a$
a(6);                              % gibt die Meldung zurueck:
                                   % Declare  A  operator? (Y or N)
```

Ähnlich kann es notwendig sein, durch LET aktivierte Regeln zu löschen, wenn sie nicht länger wirksam sein sollen. Das Löschen derartiger Regeln geschieht mit Hilfe des Operators CLEARRULES:

clearrules $Regel_1$, ... ,$Regel_n$$

Die Regeln, die gelöscht werden sollen, müssen dabei vollständig und unter Verwendung der gleichen lokalen Variablennamen angegeben werden, also z.B.:

```
clearrules { fakultaet(~n) => (for k:=1:n product k)
                          when fixp n and n > 0,
             fakultaet(0)  => 1 }$
```

Das kann im Einzelfall sehr mühsam sein, außerdem mag es sein, daß man sich nicht mehr an die genaue Definition erinnert. Wir empfehlen daher, Regeln, die man verwenden und auch wieder abschalten will, zunächst Variablen zuzuweisen, da diese Variablen auch in CLEARRULES benutzt werden dürfen:

```
clear fakultaet;
operator fakultaet;
fakultaet(10);
fakultaetsregel:={ fakultaet(~n) => (for k:=1:n product k)
                          when fixp n and n >= 0 }$
let fakultaetsregel$
fakultaet(10);
clearrules fakultaetsregel$
fakultaet(10);
```

Wichtig ist, daß bei CLEARRULES nicht die Werte der Variablen, die die Regeldefinitionen beinhalten, gelöscht werden, sondern lediglich die Anwendung der Regeln unterbunden wird. Die Regel kann über die Variable später selbstverständlich angesprochen werden und auch mit LET wieder aktiviert werden! Erst das zusätzliche Löschen der Variablen mit CLEAR würde die Regeldefinition löschen.

Falls erwünscht, kann ein Operator gelöscht werden, indem sein Name in der CLEAR–Anweisung, wie in

```
clear rfakultaet$
```

genannt wird. Die entsprechenden Regeln gehen nicht verloren, sofern sie nicht mit CLEARRULES ebenfalls gelöscht werden. Falls der Operator später wieder deklariert wird, sind die Regeln immer noch wirksam. Bevor Sie also einen neuen Operator gleichen Namens definieren, müssen Sie im Zweifelsfall auch die alten Regeln löschen, um unerwünschte Effekte zu verhindern.

Anmerkung zu Reduce 3.3:

In Reduce 3.3 existieren keine Regel–Listen und damit auch nicht der Operator CLEARRULES. Eine Regel wird gelöscht, indem die entsprechende Regeldefinition wiederholt wird, anstelle des Operators LET jetzt CLEAR verwendet wird, außerdem das Gleichheitszeichen sowie der Ausdruck auf der rechten Seite weggelassen werden. Dieselben lokalen Variablen müssen in dem FOR ALL–Teil benutzt werden, sowie der gleiche logische Ausdruck im SUCH THAT–Teil, ähnlich wie bei der Benutzung von CLEARRULES in Reduce 3.4.

Beispiel: Die Regeln

```
for all n such that fixp n and n > 0
      let rfakultaet(n) = n*rfakultaet(n-1)$
let rfakultaet(0)=1$
```

können also wie folgt gelöscht werden:

```
for all n such that fixp n and n > 0
      clear rfakultaet(n)$
clear rfakultaet(0)$
rfakultaet(7);                          % ist Reduce unbekannt
```

5.5 Kommutative, nichtkommutative, symmetrische und antisymmetrische Operatoren

In Reduce können Operatoren deklariert werden, die zusätzliche Eigenschaften besitzen. So kann Nichtkommutativität bei Multiplikation durch

noncom *Operatorname*$_1$, ... , *Operatorname*$_n$$

deklariert werden. Ein Beispiel wäre:

```
operator x,p$
noncom x,p$
x(i)*p(j)-p(j)*x(i);                    % ergibt nicht 0
x(i)*p(j)+p(j)*x(i);                    % ergibt nicht 2*x(i)*p(j)
```

Operatoren können als symmetrisch oder antisymmetrisch deklariert werden mit

`symmetric` *Operatorname*$_1$, ... ,*Operatorname*$_n$`$`

bzw.

`antisymmetric` *Operatorname*$_1$, ... ,*Operatorname*$_n$`$`

Dann werden in jedem Ausdruck die Argumente symmetrischer und antisymmetrischer Operatoren so umgeordnet, daß sie mit dem internen Ordnungsschema von Reduce übereinstimmen. Ein Beispiel wäre

```
operator comm$
antisymmetric comm$
comm(x,p)+comm(p,x);                      % sollte 0 ergeben
```

Beispiel: Betrachten Sie die Orts- und die Impuls-Operatoren x_i und p_i eines quantenmechanischen Systems in Kartesischen Koordinaten. Beachten Sie, daß $x^2 = {x_1}^2 + {x_2}^2 + {x_3}^2$ ist (ein analoger Ausdruck gilt für p^2). Beginnen Sie mit den Kommutatoren $[x_i, p_j] := x_i p_j - p_j x_i = i\hbar\delta_{ij}$ ($\hbar$ = Plancksche Konstante) und berechnen Sie sowohl $[x^2, p_j]$ als auch $[x_i, p^2]$.

```
operator x,p,comm,delta$
noncom x,p$
antisymmetric comm$

let { delta(~a,~b) => 0
                      when numberp a and numberp b and a neq b,
      delta(~a,a)  => 1 }$

let { comm(x(~a),x(~b)) => 0,
      comm(p(~a),p(~b)) => 0,
      comm(x(~a),p(~b)) => hbar*i*delta(a,b),
      comm(~a+~b,~c)    => comm(a,c)+comm(b,c),
      comm(~a**2,~b)    => a*comm(a,b)+comm(a,b)*a }$

x2:=for k:=1:3 sum x(k)**2;
p2:=for k:=1:3 sum p(k)**2;

for k:=1:3 collect comm(x2,p(k));
for k:=1:3 collect comm(p2,x(k));
```

Falls man dies in Reduce 3.3 mit der alten Form der Regeln programmiert, wird im vorletzten Befehl `COMM(X2,P(K))` nicht fertig ausgerechnet. Ein kleiner Trick hilft:

```
% nur noetig wenn Sie noch mit Reduce 3.3 arbeiten

com1:=for k:=1:3 collect comm(x2,p(k))$
{ (x*first(com1))/x, (x*second(com1))/x, (x*third(com1))/x };
```

5.6 Prozeduren für wiederholten Gebrauch von Befehlen

Oft ist es nützlich, einer oder mehereren Anweisungen, die wiederholt in Rechnungen gebraucht werden, einen Namen zu geben. Für diesen Zweck bietet Reduce die PROCEDURE–Anweisung

procedure *Prozedurname*(*Variable*$_1$, ... , *Variable*$_n$); *Anweisung*;

Dadurch wird eine Prozedur mit dem Namen *Prozedurname* geschaffen, die von den formalen Parametern *Variable*$_1$, ... , *Variable*$_n$ abhängt. Die *Anweisung* in der Prozedurdeklaration wird Prozedurkörper genannt. Dort wird definiert, was die Prozedur tut, falls sie aufgerufen wird.

Die Prozedur wird durch *Prozedurname* mit den jeweiligen Parametern als Argumenten (Aktualparametern) aufgerufen. Sodann werden die formalen Parameter, die im Prozedurkörper vorkommen, durch die Werte der aktuellen Parameter ersetzt. Beachten Sie, daß Prozeduren, im Gegensatz zu Operatoren, immer einen Wert zurückgeben, nämlich den Wert von *Anweisung*.

Beispiel: Schreiben Sie eine Prozedur zur Berechnung von Taylor–Reihen.

```
clear x,x0,y,z$
procedure taylor(f,x,x0,n);
for k:=0:n sum
     sub(x=x0,df(f,x,k)) * (x-x0)**k / factorial(k);

on div;
taylor(  e**y, y, 0, 4);
taylor(sin(z), z, 0, 5);
off div;
```

Falls der Prozedurkörper mehrere Anweisungen enthalten soll, so fassen wir diese mit Hilfe einer Gruppen– oder einer Block–Anweisung zusammen.

Beispiel: Schreiben Sie eine Prozedur, die das bestimmte Integral $\int_{x_0}^{x_1} f(x)dx$ berechnet. Berechnen Sie $\int_0^1 (x^3 + x^2)dx$ und $\int_0^\pi y/\sqrt{y^2+1}\, dy$.

```
load_package int;                         % falls noetig
load_package algint;

procedure bestint(f,x,x0,x1);
begin scalar wert;
   wert:=int(f,x);
   return sub(x=x1,wert)-sub(x=x0,wert)
end;

bestint(x**3+x**2,x,0,1);
bestint(y/sqrt(y**2+1),y,0,pi);
```

Bei der Definition von parameterlosen Prozeduren steht es uns frei, nach dem Prozedurnamen ein leeres Klammernpaar zu schreiben, oder dieses wegzulassen. Jedoch müssen beim Prozeduraufruf die leeren Klammern auf jeden Fall benutzt werden. Schreiben Sie beispielsweise eine Prozedur, die den Schalter EXP aus- und den Schalter GCD einschaltet, sowie die entsprechenden inversen Prozeduren:

```
procedure faktan();                        % mit leeren Klammern
<<on gcd; off exp>>;
procedure faktaus;                         % ohne Klammern
<<off gcd; on exp>>;

pol:=(b+c)**3;
faktan();                                  % Klammern notwendig
pol;
faktaus();                                 % Klammern notwendig
pol;
```

Wie Operatoren, so können auch Prozeduren rekursiv definiert werden. Eine weitere Alternative zur Berechnung der Fakultät wäre

```
procedure pfakultaet(n);
if fixp n and n>=0
   then ( if n<2
             then 1
             else n*pfakultaet(n-1) )
   else rederr("Illegales Argument!");
```

Der Prozedur–Aufruf für PFAKULTAET führt entweder zu einem Fehler, wenn das Argument keine positive ganze Zahl ist, oder zur rekursiven Berechnung der Fakultät des Arguments, genau wie in Abschnitt 5.3. Beim ersten Aufruf der Prozedur wird PFAKULTAET(3) zu 3*PFAKULTAET(2) ausgewertet. Im zweiten Schritt wird PFAKULTAET(2) ausgewertet und der gesamte Wert ergibt sich zu 3*2*PFAKULTAET(1). Schließlich wird PFAKULTAET(1) bestimmt, und die Abarbeitung endet, nachdem das Ergebnis 6 zurückgegeben wurde. Vergessen Sie nie, eine Abbruchbedingung für eine rekursive Prozedur zu definieren!

5.7 Eine Prozedur für die l'Hospital–Regel und ein Wort der Vorsicht

Wir wenden uns wieder dem ersten Beispiel aus Abschnitt 1.1 zu, um schließlich eine Prozedur für die l'Hospital–Regel zu schreiben. Anschließend testen wir die Prozedur mit Hilfe der folgenden Beispiele:

$$\left.\frac{x^3\sin x}{(1-\cos x)^2}\right|_{x=0}$$

$$\left.\frac{(1+x)^n-(1-x)^n}{e^{1+x}-e^{1-x}}\right|_{x=0}$$

$$\left.\frac{\log(x^{2m}+x^m-1)-m\log x}{x^2-1}\right|_{x=1}$$

$$\left.\frac{e^{ax}-e^{-bx}}{\log(1+x)}\right|_{x=0}$$

$$\left.\left(\frac{1}{\sin x}-\frac{x}{6}-\frac{1}{x}\right)\frac{1}{x^3}\right|_{x=0}$$

$$\left.\frac{\sin^2 x}{x^3}\right|_{x=0}$$

```
procedure hosp(f,var,lim);
if sub(var=lim,den f)=0
  then if sub(var=lim,num f)=0
         then hosp(df(num f,var)/df(den f,var),var,lim)
         else rederr "Unendlich minus sieben"
  else sub(var=lim,f);
```

```
hosp(                    x**3*sin(x)/(1-cos(x))**2,  x,  0);
hosp(  ((1+x)**n-(1-x)**n)/(e**(1+x)-e**(1-x)),  x,  0);
hosp( (log(x**(2*m)+x**m-1)-m*log(x))/(x**2-1),  x,  1);
hosp(              (e**(a*x)-e**(-b*x))/log(1+x),  x,  0);
hosp(                   (1/sin(x)-x/6-1/x)/x**3,  x,  0);
hosp(                             sin(x)**2/x**3,  x,  0);
```

Nun zu der in der Abschnittsüberschrift versprochenen Warnung: Wenn wir etwa vorhaben, eine Prozedur zu schreiben, welche die erste, zweite und dritte Ableitung einer Funktion $f(x)$ den drei Variablen v_1, v_2 und v_3 zuweist, könnten wir es mit der folgenden Variante versuchen:

```
procedure klapptnicht(f,x,v1,v2,v3);
<< v1:=df(f,x);
   v2:=df(v1,x);
   v3:=df(v2,x) >>;
klapptnicht(e**(z**2),z,d1,d2,d3)$
d1;
```

Der Erfolg bleibt jedoch aus! Die Zuweisungen werden versagen, weil die linke Seite `V1` der Zuweisung `V1:=DF(F,X)` *nicht* ausgewertet wird (obwohl die Prozedur mit den Werten von `D1, D2` und `D3`, aufgerufen wird). Deshalb wird hier die Zuweisung, falls `V1` nur innerhalb des Prozedurkörpers existiert, als `V1:=DF(E**Z,Z)` interpretiert, und nicht als `D1:=DF(E**Z,Z)`, wie Sie es vielleicht erwartet haben. In solch einem Fall können Sie die `SET`–Anweisung

`set(`*links, rechts*`)`

benutzen, welche, im Gegensatz zum Zuweisungs–Operator `:=`, den Wert von *rechts* dem Wert(!) von *links* zuweist. Demgemäß sollte unsere Prozedur folgendermaßen geschrieben werden:

```
procedure klappt(f,x,v1,v2,v3);
<< set(v1,df(f,x));
   set(v2,df(v1,x));
   set(v3,df(v2,x)) >>;
klappt(e**(z**2),z,d1,d2,d3)$
d2;
```

Übrigens kann die `SET`–Anweisung nicht nur innerhalb einer Prozedur benutzt werden, sondern auch als normale Anweisung auf der obersten Ebene von Reduce:

```
clear a,b,c;
pol:=(x+y)**3;
a:=b+c;
set(a-c,pol);
b;
```

Der Wert von `POL` wird der Variablen `B` zugewiesen.

5.8 Hausaufgaben

1. Beweisen Sie folgende Formel durch vollständige Induktion:

$$\sum_{j=1}^{N} \binom{N+Q-j}{Q} = \binom{N+Q}{Q+1}$$

   [vgl. H. K. Hodge, Sigsmall/PC Notes (ACM Press) **15** (1989) 7, P. E. Kenison, ibd. p. 33].

2. Legendre–Polynome können rekursiv durch

$$P_n(x) = \frac{1}{n}\Big[x(2n-1)P_{n-1}(x) - (n-1)P_{n-2}(x)\Big] \quad \text{mit } P_0(x) = 1\,,\ P_1(x) = x\,,$$

definiert werden. Schreiben Sie eine rekursive Prozedur für $P_n(x)$.

3. Definieren Sie einen Operator CC, der den konjugiert–komplexen Teil eines beliebigen Ausdruckes bestimmt. Definieren Sie CC–Regeln für Ausdrücke, die Operatoren wie `+ - * / ** SIN COS` usw. enthalten, wie beispielsweise $\overline{x+y} = \overline{x} + \overline{y}$ oder $\overline{\sin x} = \sin \overline{x}$. Denken Sie dabei auch an Regeln für die Verarbeitung von ganzen Zahlen. Definieren Sie zusätzlich die Operatoren RE und IM zur Berechnung des Real– und des Imaginärteils eines Ausdruckes. Benutzen Sie die Identitäten $Im(x) = (x - \overline{x})/2i$ und $Re(x) = (x + \overline{x})/2$. Schreiben Sie Prozeduren, die einzelne Ausdrücke als rein reell oder rein imaginär deklarieren können. Testen Sie IM, RE und CC, indem Sie die folgenden Ausdrücke verwenden[1]:

$$\begin{aligned} a &= 4 + 3i\,,\\ b &= 4z + 3ix\,,\\ c &= \sin b\,,\\ d &= e^b\,,\\ f &= 1/b^2\,,\\ g &= a/b\,. \end{aligned}$$

Beachten Sie, daß alle ungebundenen Variablen, die auf den rechen Seiten auftreten, komplex sein können.

4. Definieren Sie einen Operator INTE, der das Integral

$$I_n = \int_0^1 x^n e^x dx\,,$$

berechnet. Benutzen Sie hierzu die Rekursions–Formel $I_n = e - nI_{n-1}$ mit $I_1 = 1$.

5. Setzen Sie die Berechnungen von Abschnitt 5.5 mit quantenmechanischen Operatoren fort. Der Drehimpuls–Operator wird durch $l_i = \varepsilon_{ijk}\, x_j p_k$ definiert. Beweisen Sie $[l_i, l_j] = i\hbar\varepsilon_{ijk} l_k$. Bestimmen Sie $[l^2, l_i]$, $[p^2, l_i]$, $[x^2, l_i]$, $[p_i, l_j]$ und $[x_i, l_j]$.
Hinweise: Definieren Sie neue Operatoren EPS (für das Levi–Civita–Symbol ε_{ijk}) und L (für den Drehimpuls). Beachten Sie, daß ε_{ijk} so definiert ist, daß es gleich $+1, -1$ oder 0 ist, je nachdem, ob $(i\ j\ k)$ eine gerade, eine ungerade bzw. keine Permutation von $(1\ 2\ 3)$ ist.

6. Die in Abschnitt 5.6 definierte Prozedur zur Berechnung von Taylor–Reihen ist für große Ausdrücke sehr langsam, da bei jedem Schritt der Schleife die Ableitung der Ordnung $(n+1)$ der Funktion f neu berechnet werden muß, obwohl die Ableitung der Ordnung n vom vorherigen Schritt her bereits bekannt ist. Schreiben Sie eine bessere Prozedur, die in jedem Schritt das Ergebnis des vorherigen Schrittes benutzt.

[1] In Reduce 3.4 sind übrigens vergleichbare Operatoren CONJ, REPART und IMPART bereits vorhanden. Diese Operatoren gibt es sogar in Reduce 3.3, sie sind dort jedoch nicht dokumentiert und verhalten sich auch anders als ihre „offiziellen“ Brüder in Reduce 3.4 (siehe Anhang B).

Kapitel 6

Sechste Vorlesung

6.1 Rechnen mit Matrizen

Reduce eignet sich bestens für die Arbeit mit $(m \times n)$–Matrizen. Matrizen werden durch

matrix $Matrix_1$,$Matrix_2$, ..., $Matrix_n$$

deklariert, wobei $Matrix_i$ die zu deklarierenden Matrizen sind. Falls die Dimensionen der Matrizen bereits anfänglich bekannt sind, kann die Zahl ihrer Zeilen und Spalten bereits bei der Deklaration angegeben werden:

```
matrix vect(4,1),m(4,4),k,n(4,4)$
```

Hier wird `VECT` als ein Spalten–Vektor deklariert, d.h. als eine (4×1)–Matrix, `M` und `N` sind (4×4)–Matrizen und `K` eine Matrix mit einer noch zu spezifizierenden Größe. Das Durchnumerieren der Elemente einer Matrix beginnt mit 1, und nicht, wie im Falle eines Feldes, mit 0. Zu Anfang besitzen die Matrixelemente den Wert Null. Sie werden wie die Elemente eines Feldes angesprochen:

```
vect(2,1);
vect(3,1)*m(3,2);
4+3*n(2,4);
```

Der Wert eines Matrixelements kann durch eine einfache Zuweisung verändert werden:

```
vect(1,1):=(x+y)**2;
vect(4,1):=25;
```

Falls die Dimension einer Matrix in der Deklaration nicht angegeben wurde, muß bei einer Initialisierung oder Wertzuweisung der `MAT`–Operator benutzt werden. Mit ihm weist man den einzelnen Elementen einer Matrix Werte zu und legt gleichzeitig auch die Dimension der Matrix fest:

```
Matrixname:= mat( (m11,m12,...,m1n),
                  (m21,m22,...,m2n),
                   .
                   .
                   .
                  (ml1,ml2,...,mln) );
```

Beachten Sie, daß die einzelnen Zeilen einer Matrix eingeklammert sind und durch Kommata getrennt werden. Eine Matrix, die mit `MAT` definiert wird, muß nicht schon mit `MATRIX` deklariert worden sein.

In dem Beispiel

```
k:=mat( (a,25,o*p),
        (1,67,o+p) );
```

ist `K` als eine (2×3) Matrix definiert. Man kann sich auf eine Matrix als Ganzes beziehen, indem man lediglich ihren Namen in einem Ausdruck verwendet. Darüber hinaus sind in Reduce die gewöhnlichen algebraischen Operatoren für Matrizen definiert, vorausgesetzt die Matrizen sind verknüpfbar, wie z.B. in

```
matrix m(4,4),n(4,4);    % falls nicht schon deklariert
m(1,1):=-1; m(2,2):=m(3,3):=m(4,4):=1;
n(1,1):=a; n(2,2):=b; n(3,3):=c; n(4,4):=d; n(2,4):=1;
m*n;
m+n;
m-n;
n:=n**3;
m**(-1);
m/n;                     % dies wird als m * (n**(-1)) verstanden
```

Felder unterscheiden sich von Matrizen dadurch, daß ein Feld nur als eine indizierte Variable benutzt werden kann, d.h., die Feldkomponenten können nur einzeln angesprochen werden. Das vorhergehende Beispiel lautet, falls man Felder benutzt:

```
array ma(3,3),na(3,3),mamalna(3,3),maplusna(3,3);

ma(0,0):=-1; ma(1,1):=ma(2,2):=ma(3,3):=1;
na(0,0):=alpha; na(1,1):=beta; na(2,2):=gamma; na(3,3):=delta;
na(1,3):=1;

for i:=0:3 do for j:=0:3 do                   % Multiplikation
    mamalna(i,j) := for k:=0:3 sum ma(i,k)*na(k,j);

for i:=0:3 do for j:=0:3 do                   % Addition
    maplusna(i,j)  := ma(i,j)+na(i,j);
           .
           .
           .
```

Sicherlich ist für das letzte Beispiel das Matrix–Paket praktischer. Für Felder höherer Stufe (d.h. mit mehr als zwei Indizes), wie das Christoffel–Symbol $\{{k \atop ij}\}$, den Riemannschen Krümmungstensor $R_{ijk}{}^{l}$ oder den Tensor der elastischen Moduln (Hookescher Tensor) C_{ijkl}, sind Felder jedoch unentbehrlich.

Eine typische Aufgabe für das Matrix–Paket ist es etwa, die allgemeine Lösung für ein System vier inhomogener linearer Gleichungen

$$\begin{pmatrix} a_{11} & a_{12} & a_{13} & a_{14} \\ a_{21} & a_{22} & a_{23} & a_{24} \\ a_{31} & a_{32} & a_{33} & a_{34} \\ a_{41} & a_{42} & a_{43} & a_{44} \end{pmatrix} \times \begin{pmatrix} x_1 \\ x_2 \\ x_3 \\ x_4 \end{pmatrix} = \begin{pmatrix} b_1 \\ b_2 \\ b_3 \\ b_4 \end{pmatrix}$$

zu finden:

```
matrix am(4,4),bm(4,1),xm(4,1)$
operator ao,bo$

% Initialisieren der Matrizen:
for k:=1:4 do for n:=1:4 do am(k,n):=ao(k,n)$
for k:=1:4 do bm(k,1):=bo(k)$

% Loesen des lineare Gleichungssystems:
xm:=am**(-1) * bm;
```

Die Anzahl von Zeilen und Spalten einer gegebenen Matrix kann durch

`length(`*Matrix*`)`

bestimmt werden. Auch die Dimension von Feldern (also Objekten, die mit ARRAY deklariert wurden) läßt sich mit Hilfe des LENGTH–Operators ermitteln. Es wird eine Liste mit den entsprechenden Zahlen zurückgegeben. Versuchen Sie beispielsweise

```
matrix mm(3,3)$
array  feld(5,5,2)$

length(mm);
length(feld);
```

Natürlich wird bei FELD von 0 an gezählt.

Zusätzlich sind einige oft benötigte Operatoren verfügbar. Die transponierte Matrix kann durch

`tp(`*Matrix*`)`

bestimmt werden. Beispiel:

```
tp n;
```

Die Spur einer quadratischen Matrix erhält man durch

`trace(`*Matrix*`)`

wie bei

```
trace(k*(tp k));
```

und ihre Determinante durch

`det(`*Matrix*`)`

so wie bei

```
det (k * (tp k));
```

Den Rang einer Matrix kann mit

`rank(`*Matrix*`)`

ermittelt werden. Zum Beispiel:

```
rank(k);
```

Beispiel: Bestimmen Sie die Eigenwerte der Matrix $\begin{pmatrix} -2 & 5 & 4 \\ 5 & 7 & 5 \\ 4 & 5 & -2 \end{pmatrix}$.

```
matrix m(3,3),mm(3,3)$
m:=mat( (-2, 5, 4),
        ( 5, 7, 5),
        ( 4, 5,-2) )$
mm:=m$
for l:=1:3 do mm(l,l):=m(l,l)-y$
solve(det(mm),y);
```

Alternativ können Sie ab Reduce 3.4 den Operator

`mateigen(`*Matrix, Variable*`)`

benutzen, welcher als Resultat eine Liste liefert, die als Elemente so viele Unterlisten enthält, wie verschiedene Eigenwerte existieren: $\{\{\},\{\},\ldots\{\}\}$. Jede Unterliste enthält drei Elemente: Das erste Element ist die linke Seite der Gleichung *Variable* – *Eigenwert* = 0, d.h. ein Faktor des charakteristischen Polynoms, das zweite enthält die Multiplizität von *Eigenwert* und das dritte den dazugehörigen Eigenvektor.

Mit der folgenden Befehlskette können wir die Eigenwerte und die Eigenvektoren der obigen Matrix bestimmen:

```
clear m,ew;

matrix m;
m:=mat( (-2, 5, 4),
        ( 5, 7, 5),
        ( 4, 5,-2) );

resultat:=mateigen(m,ew)$         % ew bezeichnet die Eigenwerte

for each unterliste in resultat do
<<write "Eigenwert: ",ew-first(unterliste),
        ", Multiplizitaet: ",second(unterliste);
  write "zugehoeriger Eigenvektor: ",third(unterliste) >>;
```

Da `RESULTAT` eine Liste zugewiesen wurde, kann hier die `FOR EACH`–Anweisung für Listen aus Abschnitt 2.5 angewandt werden. Der Operator `MATEIGEN` ist erst ab Version 3.4 offiziell in Reduce integriert. Die vorläufige Version von `MATEIGEN` in Reduce 3.3 erzeugt ein etwas anderes Resultat: man muß die Eigenwertgleichung erst noch mit `SOLVE` lösen.

Das Matrix–Paket ist eventuell nicht überall installiert. Normalerweise wird es automatisch zugeladen, falls Matrizen in Rechnungen benutzt werden. Anderenfalls muß das Matrix–Paket mit dem Befehl

```
load_package matr;
```

erst noch geladen werden. Falls auch dies nicht zum Erfolg führt, fragen Sie Ihren zuständigen Software–Betreuer!

6.2 Schalter ein– und ausschalten

Ein Aspekt der Computer–Algebra, der bis jetzt etwas zu kurz gekommen ist, ist die Darstellung und Strukturierung von Ausdrücken in Reduce. Ausgabe–Formate werden von Schaltern, die mit `ON` ein– und mit `OFF` ausgeschaltet werden können, kontrolliert:

on $Schalter_1$, ... ,$Schalter_n$;
off $Schalter_1$, ... ,$Schalter_n$;

Die wichtigsten Schalter werden im folgenden diskutiert. Für weitergehende Informationen über Schalter sehen Sie bitte im Reduce–Handbuch nach. Um den Gebrauch von Schaltern zu illustrieren, definieren wir einen Testausdruck:

```
clear x,y,z,a;
test:=x**2*(y**2+2*y)+x*(y**2+z)/(2*a);
```

Den Einfluß eines Schalters auf Darstellung und Strukturierung unseres Testausdruckes machen wir sichtbar durch

on *Schalter*;
test;
off *Schalter*;
test;

In der folgenden Auflistung wird für jeden Schalter das Ausgabe–Format für die Schalterstellung `ON` beschrieben. Die Standardstellung (engl. default) der Schalter ist in Klammern angegeben:

`ALLFAC` Einfache Faktoren, die sich durch Multiplikation einzelner Elemente ergeben, wie z.B. $7x^2y$, werden ausgeklammert, nicht jedoch solche, die sich durch Addition ergeben, wie z.B. $(a+b)$:
`on allfac;` (default: on)

`DIV` Die Nenner von Ausdrücken werden auf einfache Faktoren untersucht. Die Summanden des Zählers werden durch diese Faktoren dividiert, so daß Brüche und negative Potenzen auftreten können:
`on div;` (default: off)

`LIST` Jeder Term einer beliebigen Summe wird in einer eigenen Zeile ausgegeben („aufge*list*et"):
`on list;` (default: off)

`EXP` Ausdrücke werden ausmultipliziert („*exp*andiert"):
`on exp;` (default: on)

`GCD` Gemeinsame Faktoren in den Zählern und Nennern von Ausdrücken werden herausgekürzt (*g*reatest *c*ommon *d*ivisor):
`on gcd;` (default: off)
Die Kombination
`on gcd; off exp;`
produziert teilfaktorisierte Ausdrücke.
Dem Anwender steht ein alternativer Algorithmus zur Eliminierung gemeinsamer Faktoren aus Zähler und Nenner zur Verfügung. Dieser kann bei aktivem `GCD` durch `ON EZGCD` gewählt werden. Allerdings ist `EZGCD` sehr speicherintensiv. Diesem Nachteil steht eine oft um Größenordnungen kürzere Rechenzeit gegenüber.

`MCD` Wenn zwei rationale Funktionen addiert werden, ergibt dies einen Ausdruck mit einem gemeinsamen Nenner (*m*ake *c*ommon *d*enominator):
`on mcd;` (default: on)
Falls Sie dies verhindern wollen, schalten Sie diesen Schalter aus. Beispiel:

```
off mcd;
z:=(2*a*c-5*b*d)/c - 2*(3*b-a*d)/d;  % kein gemeinsamer Nenner
on mcd;
z;                                   % gemeinsamer Nenner c*d
```

`ROUNDED` In Reduce kann anstelle von rationalen Zahlen auch mit Gleitkommazahlen (engl. floating point numbers) gerechnet werden. Die Verwendung von Gleitkommazahlen hat normalerweise zur Folge, daß beliebige rationale Zahlen durch Dezimalzahlen angenähert werden, so daß Zahlausdrücke nicht mehr exakt berechnet werden. Im Gegensatz zu herkömmlichen Programmiersprachen erlaubt Reduce jedoch die Einstellung der Genauigkeit der

Gleitkommazahlen, so daß mit der benötigten Präzision gerechnet werden kann.

`on rounded;` (default: off)

Die Genauigkeit, mit der rationale Zahlen dargestellt werden sollen, wird durch

`precision(`*Genauigkeit*`);`

angegeben. `PRECISION(40)` bedeutet z.B., daß Reduce mit 40 Dezimalstellen rechnet:

```
on rounded$
precision(40)$
mypi:=4*atan(1);
```

"Angeklagter, in welcher verwandtschaftlichen Beziehung stehen Sie zu **e**? Stimmt es, daß Sie uns unendlich viele Stellen unterschlagen haben?"

Auch Funktionen wie `LOG` oder `ASIN` werden mit beliebigen Zahlargumenten ausgewertet, ganz so, wie Sie es von einem Taschenrechner her gewohnt sind. In Reduce 3.3 erlauben die Schalter `FLOAT` bzw. `BIGFLOAT` das Rechnen mit Gleitkommazahlen, bei der numerischen Auswertung von Funktionen müssen Sie dies, zusätzlich zu `ON FLOAT`, noch explizit mit `ON NUMVAL` erzwingen. Da die Gleitkomma-Arithmetik nicht exakt ist und außerdem wegen der Möglichkeit einer beliebig hohen Genauigkeit sehr aufwendig sein kann, empfehlen wir Ihnen dringend, solange wie möglich mit rationalen Zahlen zu rechnen (`OFF ROUNDED;`) und erst das Endergebnis als Dezimalzahl auszugeben.

`COMPLEX` Oft sind komplexe Ausdrücke nicht in ihrer optimalen Form. Beispielsweise kann man $(2-i)/(2+i)$ als Ergebnis einer Rechnung erhalten. Erst das Anschalten von `COMPLEX` entfernt komplexe Zahlen aus dem Nenner.

`NAT` Die Ergebnisse werden in „natürlicher“ Form ausgegeben, Exponenten werden hochgestellt, Brüche mit Bruchstrichen dargestellt usw.:
`on nat;` (default: on)
Wenn dieser Schalter ausgeschaltet wird, werden die Ergebnisse im Reduce–Eingabeformat ausgegeben. Daher können mit `OFF NAT` erzeugte Ausgaben später wieder als neue Eingaben für Reduce benutzt werden, falls sie in einer Datei abgespeichert wurden (vgl. `OUT`).

`ECHO` Werden Eingaben mit `IN "`*Dateiname*`";` aus einer Datei gelesen, so werden die eingelesenen Eingabezeilen mit ausgegeben:
`on echo;` (default: on)
Selbstverständlich kann mit `ON ECHO` nicht erzwungen werden, daß die eingelesenen Eingabezeilen mit ausgegeben werden, wenn mit dem Dollarzeichen in `IN "`*Dateiname*`"$` die Ausgabe unterdrückt wurde.

`NERO` Falls eine Berechnung den Wert Null ergibt, so wird die Ausgabe des Ergebnisses unterdrückt:
`on nero;` (default: off)

`OUTPUT` Die Ergebnisse werden bei einer interaktiven Sitzung auf dem Bildschirm dargestellt oder im Batch–Betrieb (engl. batch = Stapel) normalerweise in eine Datei geschrieben:
`on output;` (default: on)
Falls die Ausgabe aller Ergebnisse unterdrückt werden soll, schalten Sie den Schalter aus (z.B. während des Ladens einer Datei).

`RATPRI` Ein Bruch wird in zweidimensionaler Form ausgegeben, vorausgesetzt, daß sowohl der Zähler als auch der Nenner in eine Zeile passen:
`on ratpri;` (default: on)
Wenn dieser Schalter ausgeschaltet ist, werden Brüche linear dargestellt.

`TIME` Nach jedem Befehl wird die Zeit, die für seine Bearbeitung vom Computer benötigt wurde, ausgegeben:
`on time;` (default: off)
Übrigens gibt der Befehl `SHOWTIME;` die Zeit aus, die seit dem letzten Aufruf von `SHOWTIME` bzw. seit dem Start der Reduce–Sitzung verstrichen ist.

6.3 Ausdrücke umordnen

Die `ORDER`–Deklaration kann benutzt werden, um die Reihenfolge von Variablen und Operatoren bei der Ausgabe festzulegen:

`order` *Variable*$_1$`, ... ,` *Variable*$_n$`;`

Damit ist die Reihenfolge bestimmt, mit der *Variable*$_i$ innerhalb der einzelnen Terme eines Ergebnisses ausgegeben wird. Variable, die in der `ORDER`–Deklaration nicht genannt werden, behalten ihre bis dahin gültige „Priorität“, sind aber auf jeden Fall den genannten Variablen nachgeordnet. Betrachten Sie das folgende Beispiel:

```
test:=x**2*(y**2+2*y)+x*(y**2+z)/(2*a);
order y,x;
test;
```

In der ORDER–Anweisung dürfen an Stelle von Variable$_i$ auch Operatorausdrücke auftreten, sofern sie sich nicht sofort durch Auswertung zu einfachen algebraischen Ausdrücken vereinfachen lassen. Erlaubt sind daher etwa verschachtelte Operatorausdrücke der Art LOG(ASIN(ALPHA)), nicht jedoch reine Polynom- oder Zahlausdrücke, oder SIN(0), das zu 0 evaluiert.

Im Gegensatz zur ORDER–Deklaration, die als kosmetischer Effekt nur die Ausgabe beeinflußt, können Sie mit der KORDER–Deklaration tatsächlich die Reduce–interne Ordnung der Variablen bzw. Operatoren beeinflussen. Eine solche „echte" Umordnung kann erheblichen Einfluß auf die Rechenzeit haben, unter anderem deshalb, weil Reduce Ausdrücke gemäß der internen Ordnung vereinfacht. Es lohnt sich bei hohen Rechenzeiten also durchaus, ein wenig zu experimentieren. Die Syntax entspricht der ORDER–Anweisung:

korder *Variable*$_1$, ... *Variable*$_n$;

Die mit ORDER oder KORDER veränderte Ordnung kann durch ORDER NIL; bzw. KORDER NIL; wieder in die ursprüngliche Standard–Ordnung gebracht werden.

Man kann Ausdrücke mit Hilfe von

factor *Variable*$_1$, ... , *Variable*$_n$;

so umordnen, daß Terme ganzzahliger Potenzen von *Variable*$_i$ isoliert werden. Die so erzwungene Faktorisierung kann mit Hilfe von

remfac *Variable*$_1$, ... , *Variable*$_n$;

(engl. *rem*ove *fac*tor) gelöscht werden. Beispiel:

```
test;
factor x$
test;
factor y$
test;
remfac x,y$
```

Angenommen ein Reduce–Ausdruck stellt eine gebrochen–rationale Funktion dar. Einige Variablen seien mit FACTOR gekennzeichnet. Mit eingeschalteten RAT wird jeder Summand des Zählers mit eigenem Nenner ausgegeben:

on rat; (default: off)

Betrachten Sie das Beispiel:

```
remfac x;
test;
factor x;
on rat;
test;
```

6.4 Ein– und Ausgaben in Reduce

Normalerweise wird Reduce einen algebraischen Ausdruck über die ganze Länge einer Bildschirmzeile ausgeben. Man kann Reduce mit dem Befehl

```
linelength(n);
```

anweisen, die maximale Zeilenlänge zu ändern. Die alte Zeilenlänge wird dabei als Wert von LINELENGTH zurückgegeben. Falls LINELENGTH mit NIL als Argument aufgerufen wird, bleibt die Zeilenlänge unverändert und wird als Wert des Operators zurückgegeben. Beispiel:

```
linelength(40);                    % 40 Spalten pro Zeile
on exp$
test**5;
```

Die Ausgabe von Reduce kann, statt auf den Bildschirm, auch in eine Datei geschrieben werden. Der Umgang mit Dateien hängt jedoch vom Betriebssystem des Computers ab, so daß zusätzlich zu den Reduce–Befehlen, die im folgenden beschrieben werden, noch Betriebssystem–abhängige Zusatzbefehle notwendig sein mögen. Bei Problemen mit der Ein–/Ausgabe wenden Sie sich bitte an Ihren Software–Betreuer.

Um die Ausgabe, die standardmäßig auf dem Bildschirm des Benutzers erscheint, in eine Datei umzulenken, wird die OUT–Anweisung benutzt:

```
out "Dateiname";
```

Die Ausgabe von Reduce wird dann solange in die Datei *Dateiname* geschrieben, bis die SHUT–Anweisung

```
shut "Dateiname";
```

erfolgt oder die Arbeit mit Reduce beendet wird. Falls Sie die Ausgabe in einer neuen Sitzung wieder benutzen wollen, sollte sie mit OFF ECHO; und OFF NAT; (siehe Abschnitt 6.2) erfolgen, wie im folgenden Beispiel gezeigt wird:

```
off echo, nat;
out "rette";                        % Datei oeffnen
taylor(df(sin(x)**9,x,3),x,0,3);    % taylor() muss definiert sein
shut "rette";                       % Datei schliessen
bye;
```

Die Taylor–Entwicklung wird dann im Reduce–Eingabeformat in die Datei `rette` geschrieben.

Um eine Datei in Reduce einzulesen, muß die Anweisung

in "*Dateiname*";

benutzt werden. Die Dateien sollten immer mit einer END–Anweisung enden, um Fehlermeldungen zu verhindern:

Anweisung$_1$;
Anweisung$_2$;
.
.
Anweisung$_n$;
;end;

Das Semikolon vor der END–Anweisung sollte als Schutz gegen eventuell in der Eingabe–Datei vergessenene Abschlußzeichen eingefügt werden.

Wenn man die IN–Anweisung mit einem Dollarzeichen und nicht mit einem Semikolon abschließt, wird die Ausgabe der eingelesenen Anweisungen unterdrückt. Die Ergebnisse der Berechnungen werden jedoch trotzdem ausgegeben.

6.5 Fortran–Programme erzeugen

Eine sehr nützliche Eigenschaft von Reduce ist, daß die Ausgabe auf Wunsch auch in Fortran–Syntax erfolgen kann. Dies wird mit

`on fort;` (default: off)

erzwungen. Wenn `FORT` eingeschaltet ist, beginnt jeder Ausdruck in der 7. Spalte. Falls der Ausdruck mehr als eine Zeile Platz beansprucht, werden Fortsetzungszeilen durch einen Stern * als Fortsetzungszeichen in der 6. Spalte markiert. Die Reduce–Variable `CARDNO!*` spezifiziert die maximal erlaubte Anzahl fortzusetzender Zeilen. Wenn ein Ausdruck mehr Platz beansprucht, wird er in mehrere Fortran–Anweisungen zerlegt. Ausdrücke und beliebige Zeichenketten werden mit der `WRITE`–Anweisung ausgegeben.

Beispiel: Erzeugen Sie eine Datei, die eine Fortran–Funktion enthält, mit der die Taylorentwicklung von $\sin x$ berechnet werden kann:

```
load_package taylor$
f:=taylor(sin x,x,0,5);
on fort;
out "prog";
write "function func(x)";
write func:=f;
write "return";
write "end";
shut "prog";
```

Dabei wurde ausgenutzt, daß in Reduce bereits ein Zusatzpaket `TAYLOR` für die allgemeine Berechnung von Taylorentwicklungen existiert.

Ein umfangreiches Paket, um Fortran–, C– oder Pascal–Programme zu erzeugen (*gen*erieren), das `GENTRAN`–Paket, ist in Reduce verfügbar.

6.6 Abschließende Bemerkungen

In diesen ersten sechs Kapiteln haben wir die wichtigsten Eigenschaften und Möglichkeiten von Reduce beschrieben. Dennoch mußte eine Reihe von Dingen übersprungen werden. Im siebten Kapitel werden wir noch Zusatzpakete besprechen. Für einen Kompaktkurs in Reduce ist es aber entbehrlich.

Zur Vertiefung der Kenntnisse ist zu empfehlen, daß Sie weiterhin üben, mit Reduce zu programmieren und bei Unklarheiten das Reduce–Handbuch zu Rate ziehen. Auch weisen wir, was die Anwendung von Reduce betrifft, auf die ausführlicheren englisch–sprachigen Darstellungen von Rayna [12] sowie MacCallum & Wright [10] hin. Falls Sie an den Algorithmen, die in Reduce verwendet werden, interessiert sein sollten, wäre die englisch–sprachige Darstellung von Davenport et al. [2] zu empfehlen. Fragen Sie zudem Ihren zuständigen Software–Betreuer nach dem Reduce–Quelltext. Reduce ist im Lisp–Dialekt RLISP geschrieben. Der komplette Quelltext wird beim Kauf von Reduce normalerweise ausgehändigt. Sie brauchen allerdings gute Kenntnisse in Lisp–Programmierung, um diesen verstehen und eventuell erweitern zu können.

6.7 Hausaufgaben

1. Beweisen Sie die Stirlingsche Formel $n! \approx \sqrt{2n\pi}\, n^n e^{-n}$:
   a) Zeigen Sie, daß $n! = \Gamma(n+1) := \int_0^\infty e^{-t} t^n dt$.
   b) Berechnen Sie, bei welcher Koordinate t_0 der Integrand $e^{-t}t^n$ sein Maximum hat.
   c) Entwickeln Sie den Logarithmus des Integranden $e^{-t}t^n$, d.h. $n \log t - t$ um t_0.
   d) Ersetzen Sie t durch $t + t_0$ und integrieren Sie noch einmal. Beachten Sie, daß $\int_0^\infty e^{-t^2/a} dt = \sqrt{\pi a}/2$ gilt.
2. Beweisen Sie, daß jedes Produkt zweier Matrizen aus $\mathbf{S_1}$ bis $\mathbf{S_6}$ aus der Menge $\mathbf{S_1}$ bis $\mathbf{S_6}$ ist. Erstellen Sie eine Produkt–Tabelle.

$$\mathbf{S_1} = \begin{pmatrix} 1 & 0 & 0 \\ 0 & 1 & 0 \\ 0 & 0 & 1 \end{pmatrix}, \quad \mathbf{S_2} = \begin{pmatrix} 2 & -1 & -1 \\ 2 & -1 & -2 \\ 1 & -1 & 0 \end{pmatrix}, \quad \mathbf{S_3} = \begin{pmatrix} -1 & 4 & -5 \\ 0 & 1 & 0 \\ 0 & 0 & 1 \end{pmatrix},$$

$$\mathbf{S_4} = \begin{pmatrix} -2 & 7 & -11 \\ -2 & 7 & -12 \\ -1 & 3 & -5 \end{pmatrix}, \quad \mathbf{S_5} = \begin{pmatrix} 1 & 2 & -7 \\ 2 & -1 & -2 \\ 1 & -1 & 0 \end{pmatrix}, \quad \mathbf{S_6} = \begin{pmatrix} -1 & 6 & -12 \\ -2 & 7 & -12 \\ -1 & 3 & -5 \end{pmatrix}.$$

   Siehe F. Neiss und H. Liemann: „Determinanten und Matrizen" (Springer, Berlin/Heidelberg 1975).
3. Zeigen Sie, daß das Produkt von zwei beliebigen der vier Pauli–Matrizen σ_0, σ_1, σ_2, σ_3, bis auf einen skalaren Faktor wieder eine dieser vier Matrizen ergibt.

$$\sigma_0 = \begin{pmatrix} 1 & 0 \\ 0 & 1 \end{pmatrix}, \quad \sigma_1 = \begin{pmatrix} 0 & 1 \\ 1 & 0 \end{pmatrix}, \quad \sigma_2 = \begin{pmatrix} 0 & -i \\ i & 0 \end{pmatrix}, \quad \sigma_3 = \begin{pmatrix} 1 & 0 \\ 0 & -1 \end{pmatrix}.$$

   Berechnen Sie für alle k, $l = 0, 1, 2, 3$, die Ausdrücke

$$g_{kl} = \frac{1}{2}(\sigma_k \sigma_l + \sigma_l \sigma_k)\,, \qquad a_{kl} = \frac{1}{2}(\sigma_k \sigma_l - \sigma_l \sigma_k)\,.$$

4. Gegeben seien die acht Gell–Mann–Matrizen $\lambda_1, \lambda_2, \ldots \lambda_8$ der Flavor-Gruppe $SU_F(3)$:

$$\lambda_0 = \sqrt{\frac{2}{3}} \begin{pmatrix} 1 & 0 & 0 \\ 0 & 1 & 0 \\ 0 & 0 & 1 \end{pmatrix}, \quad \lambda_1 = \begin{pmatrix} 0 & 1 & 0 \\ 1 & 0 & 0 \\ 0 & 0 & 0 \end{pmatrix}, \quad \lambda_2 = \begin{pmatrix} 0 & -i & 0 \\ i & 0 & 0 \\ 0 & 0 & 0 \end{pmatrix},$$

$$\lambda_3 = \begin{pmatrix} 1 & 0 & 0 \\ 0 & -1 & 0 \\ 0 & 0 & 0 \end{pmatrix}, \quad \lambda_4 = \begin{pmatrix} 0 & 0 & 1 \\ 0 & 0 & 0 \\ 1 & 0 & 0 \end{pmatrix}, \quad \lambda_5 = \begin{pmatrix} 0 & 0 & -i \\ 0 & 0 & 0 \\ i & 0 & 0 \end{pmatrix},$$

$$\lambda_6 = \begin{pmatrix} 0 & 0 & 0 \\ 0 & 0 & 1 \\ 0 & 1 & 0 \end{pmatrix}, \quad \lambda_7 = \begin{pmatrix} 0 & 0 & 0 \\ 0 & 0 & -i \\ 0 & i & 0 \end{pmatrix}, \quad \lambda_8 = \frac{1}{\sqrt{3}} \begin{pmatrix} 1 & 0 & 0 \\ 0 & 1 & 0 \\ 0 & 0 & -2 \end{pmatrix}.$$

Sie erfüllen die Beziehungen

$$tr(\lambda_l) = 0\,, \quad tr(\lambda_k \lambda_l) = 2\delta_{kl}\,, \quad [\lambda_j, \lambda_k] = 2i f_{jkl} \lambda_l\,,$$

$$\{\lambda_j, \lambda_k\} = \frac{4}{3}\,\delta_{jk} + 2d_{jkl}\lambda_l\,.$$

Überprüfen Sie diese Beziehungen und berechnen Sie die Strukturkonstanten f_{jkl} und die d_{jkl}. Beachten Sie, daß gilt: $f_{jkl} = tr(\lambda_l[\lambda_j, \lambda_k])/(4i)$; vgl. C. Quigg: Gauge Theories of the Strong, Weak, and Electromagnetic Interactions (Benjamin, Reading 1983) p. 196. Ergibt sich f_{jkl} als total antisymmetrisch, d.h. $f_{jkl} = f_{[jkl]} := 1/6\,(f_{ijk}+f_{jki}+f_{kij}-f_{jik}-f_{kji}-f_{ikj})$, und d_{jkl} als total symmetrisch, d.h. $d_{jkl} = d_{(jkl)} := 1/6\,(d_{ijk}+d_{jki}+d_{kij}+d_{jik}+d_{kji}+d_{ikj})$? Für das Oktett der *pseudoskalaren Mesonen* haben wir im Grenzfall der Isospin–Invarianz die physikalische Basis:

$$\begin{aligned}
\lambda_{\pi^+} &= -\frac{1}{\sqrt{2}}(\lambda_1 + i\lambda_2), & \lambda_{\pi^-} &= \frac{1}{\sqrt{2}}(\lambda_1 - i\lambda_2), \\
\lambda_{K^+} &= -\frac{1}{\sqrt{2}}(\lambda_4 + i\lambda_5), & \lambda_{K^-} &= \frac{1}{\sqrt{2}}(\lambda_4 - i\lambda_5), \\
\lambda_{K^0} &= -\frac{1}{\sqrt{2}}(\lambda_6 + i\lambda_7), & \lambda_{\overline{K}^0} &= -\frac{1}{\sqrt{2}}(\lambda_6 - i\lambda_7), \\
\lambda_{\pi^0} &= \lambda_3, & \lambda_\eta &= \lambda_8.
\end{aligned}$$

Berücksichtigt man jedoch die π^0–η–Mischung, dann ist die Isospin–Invarianz gebrochen und man erhält statt der letzten zwei Gleichungen:

$$\lambda_{\pi^0} = \lambda_3 \cos\varepsilon + \lambda_8 \sin\varepsilon, \quad \lambda_\eta = -\lambda_3 \sin\varepsilon + \lambda_8 \cos\varepsilon\,.$$

Dabei ist ε der Mischungswinkel. Sei

$$\mathcal{M} = \begin{pmatrix} m_u & 0 & 0 \\ 0 & m_d & 0 \\ 0 & 0 & m_s \end{pmatrix}$$

die Massenmatrix mit der Masse der Up–, Down– und Strange–Quarks. Dann läßt sich der Massenterm der Bewegungsgleichung diagonalisieren [vgl. J. Gasser und H. Leutwyler, Nuclear Physics **B250**, 465–516 (1985)],

$$B_0\{\mathcal{M}, \lambda_p\} - \frac{2}{3} B_0\, tr(\mathcal{M}\,\lambda_p) = M_p^2\, \lambda_p\,,$$

wobei B_0 eine komplexe Konstante ist und die λ_p die den Mesonen zugeordneten Matrizen sind. Bestimmen Sie die Eigenwerte $M^2_{\pi^+}$, $M^2_{\pi^-}$, $M^2_{K^+}$ usw. mit Hilfe des Operators `MATEIGEN`.

Kapitel 7

Siebte Vorlesung

Eine ganz wichtige Eigenschaft von Reduce wurde bislang nur am Rande erwähnt: Die Fähigkeiten, die Reduce bereits zu Beginn kennt, können erweitert werden. Zum einen haben wir bereits gesehen, daß eigene Operatoren, Regeln, Prozeduren definiert werden können, die von da an in Reduce wie vordefinierte Operatoren und Regeln benutzt werden können; zum anderen können *Zusatzpakete* hinzugeladen werden, die gleich ganze Sammlungen von Operatoren und Regeln zu einem bestimmten Aufgabenbereich bereitstellen.

Neben den Zusatzpaketen, die standardmäßig zu Reduce gehören, gibt es eine ganze Reihe von weiteren, zum Teil sehr nützlichen Paketen, die von anderen Reduce–Benutzern der Allgemeinheit zur Verfügung gestellt werden.

Welche Zusatzpakete bei Bedarf von Reduce automatisch nachgeladen werden und welche mit `LOAD_PACKAGE`[1] erst noch „herbeigerufen" werden müssen, hängt davon ab, wie Reduce bei Ihnen installiert wurde. Falls man etwa Zugang zu einem Hochschul–Rechner–Netz hat, kann man sich eventuell fehlende Pakete in Minutenschnelle über elektronische Post (E–Mail), die an *reduce-netlib@rand.org*, *reduce-netlib@can.nl* oder *redlib@elib.zib-berlin.de* gesandt wird, ein Inhaltsverzeichnis der z.Zt. verfügbaren Biliotheken kommen lassen. Falls man mit einem Unix–Betriebssystem arbeitet, lauten die Befehle:

```
mail reduce-netlib@rand.org <return>
SUBJECT: send index <return>
. <return>
CC: <return>
...
```

Den Bestand einer Bibliothek, hier der `VECTOR`–Bibliothek, erfragt man dann mit `SEND INDEX FROM VECTOR`. Das gewünschte Paket `AVECTOR` selbst erhält man schließlich mit

```
mail reduce-netlib@rand.org <return>
SUBJECT: send avector from vector <return>
. <return>  ...
```

[1] Die `LOAD_PACKAGE`–Anweisung gibt es erst seit Reduce 3.4; in älteren Versionen muß die `LOAD`–Anweisung verwendet werden.

7.1 Vektor– und Tensorrechnung

In den nächsten drei Abschnitten wollen wir uns mit Vektor– und Tensorrechnung beschäftigen, die in Mathematik, Physik und Technik, aber etwa auch in der Kristallographie eine große Rolle spielen. Mit Vektoren und Tensoren kann man in verschiedenen Formalismen rechnen. Im 3–dimensionalen Euklidischen (Anschauungs–) Raum R_3 hat sich, falls man nur mit skalaren und vektoriellen (und eventuell noch mit 2–stufigen tensoriellen) Feldern arbeitet, der symbolische *Gibbs'sche Vektorkalkül* durchgesetzt. Hauptanwendungsgebiete sind die klassische Elektrodynamik und, im Rahmen der Kontinuumsmechanik, die Theorie der Fluide (also die Strömungslehre).

Im R_3 besitzen die kartesischen Koordinaten x, y, z eine bevorzugte Stellung. Vektoren können etwa durch ihre kartesischen Komponenten gegeben werden: $\boldsymbol{a} = (a_x, a_y, a_z)$, $\boldsymbol{b} = (b_x, b_y, b_z)$. In der Vektoralgebra führt man die Linearkombination von Vektoren entsprechend $\lambda_1\boldsymbol{a} + \lambda_2\boldsymbol{b}$ ein, wobei λ_1 und λ_2 skalare Felder sind, und weiterhin das Skalar– und das Vektorprodukt gemäß $\boldsymbol{a} \cdot \boldsymbol{b}$ bzw. $\boldsymbol{a} \times \boldsymbol{b}$.

In der Vektoranalysis definiert man die Quellen und die Wirbel von Vektorfeldern mit Hilfe der Operatoren *div* und *rot* (engl.: *curl*) und die Änderung eines Skalarfeldes mit Hilfe von *grad*. Der Laplace–Operator $\Delta := div\, grad$ vervollständigt die gängigen Operatoren.

Für Anwendungen benötigt man oft noch Kugel– und Zylinder–Koordinaten, die, neben den kartesischen Koordinaten, ebenfalls zu den *orthogonalen* Koordinaten gehören. Für den Gibbs'schen Vektorkalkül gibt es zwei Pakete, nämlich `AVECTOR` und `ORTHOVEC`, die wir in Abschnitt 7.2 besprechen werden. Einschränkend ist, daß man nur den 3–dimensionalen Euklidischen Raum R_3 in orthogonalen Koordinatensystemen zur Verfügung hat.

Will man sich von den erwähnten Einschränkungen befreien und in beliebigen krummlinigen Koordinatensystemen arbeiten, so kann man den Kalkül der Tensoranalysis, den *Ricci–Kalkül* benutzen. Schon in der klassischen Mechanik der Punktteilchen braucht man, falls man zu beliebigen krummlinigen Koordinatensystemen übergeht, die dreifach indizierten Christoffel–Symbole $\{{k \atop ij}\}$, um, in Verallgemeinerung der partiellen Ableitung in kartesischen Koordinaten, eine kovariante Ableitung definieren zu können. Somit bieten sich Felder vom Typ `ARRAY CHRIST(3,3,3)$` als Datenstruktur an. Die geometrischen Größen, insbesondere die Tensoren, werden in Komponenten vorgegeben ('Indexkalkül'), beispielsweise mit der Datenstruktur `ARRAY HOOKE(3,3,3,3)$` für einen 4–stufigen Tensor. Linearkombination von Tensoren (gleicher Stufe) werden komponentenweise definiert, die Differentiation ebenfalls komponentenweise mit Hilfe der Christoffel–Symbole eingeführt.

Der Gibbs'sche Vektorkalkül sollte tunlichst bereits in der Kontinuumsmechanik verlassen werden, falls man explizit mit dem 2–stufigen Spannungstensor σ_{ij} und dem 2–stufigen Dehnungstensor ε_{ij} arbeitet. Lediglich bei der Anwendung der Navier-Stokes-Gleichungen, aus denen Spannung und Dehnung bei der Differentiation bereits vorher eliminiert wurden und das Geschwindigkeits–Vektorfeld als elementare Feldgröße übrig bleibt, ist der Gibbs'sche Kalkül angebracht. Etwa im Falle elastischer Kontinua werden die beiden Zustandsgrößen σ_{ij} und ε_{ij} durch den

4-stufigen Tensor C_{ijkl} der elastischen Konstanten (Hooke'scher Tensor) verbunden. Somit ist hier ohne Zweifel die tensoranalytische Methode angemessen.

Am weitesten Verbreitung hat aber die Tensoranalysis durch ihre Anwendung in der Allgemeinen Relativitätstheorie ab 1915 gefunden. Dabei wird sofort ersichtlich, daß uns die Tensoranalysis erstens von der Dimension drei und zweitens von der Euklidischen Natur des Raumes befreit. Geht man von der 4–dimensionalen pseudo–Riemannschen Struktur des Raumzeit–Kontinuums der Allgemeinen Relativität aus, so kann man in diesem Kalkül bequem etwa den Riemann-Christoffelschen Krümmungstensor $R_{ijk}{}^{l}$ mit seinen vier Indizes mit Hilfe der Datenstruktur `ARRAY RIEMANN(3,3,3,3)$` einführen. Dieser Tensor stellt übrigens den mit einem kleinen 2-dimensionalen Flächenelement dA^{ij} verbundenen 'Vektorwirbel' der Raumzeit dar. Wir werden in Abschnitt 7.3 sehen, wie man eine entsprechende Bibliothek von Tensoranalysis–Programmen aufbauen und nutzen kann.

Die Tensoranalysis hatte seit 1915 eine weite Verbreitung gefunden. Nachteile dieses Kalküls sind, daß oft 'index–verseuchte' Formeln auftreten, die nicht ganz leicht zu überblicken sind. Auch ist alles in Komponenten, also koordinaten–abhängig aufgeschrieben, während in der modernen Differentialgeometrie und der Topologie darauf gesehen wird, daß man nur geometrische Beziehungen in einer koordinaten–unabhängigen Weise einführt. Eine der Grundideen ist dabei, daß man für die 4–dimensionale Raumzeit invariante Integrale (in der Physik z.B. 'Ladungen'), welche sich über 1–, 2–, 3– und 4–dimensionale Bereiche der Raumzeit erstrecken, definiert, deren Integranden (z.B. die 'Ladungsdichten' oder Ströme) sich dann als äußere Differentialformen der Stufe 1, 2, 3 oder 4 herausstellen. Diese Differentialformen (antisymmetrische kovariante Tesoren) können dann Lie–Algebra–wertig sein, also Indizes tragen, die unter vorgegebenen Gruppen [etwa der $SU(2)$ oder der $SO(1,3)$] transformieren. Der entsprechende Kalkül der äußeren Differentialformen, der *Cartan–Kalkül*, findet zunehmend Anwendung in der klassischen Feldtheorie, insbesondere der Elektrodynamik und der Allgemeinen Relativitätstheorie. Wie der Ricci–Kalkül, so kann er in allen Dimensionen und auch in nicht–Euklidischen oder sogar nicht–Riemannschen Räumen formuliert werden. Die sogenannte metrik–freie Darstellung der Maxwellschen Theorie läßt sich besonders eindrucksvoll in diesen Kalkül gießen. In Abschnitt 7.4 wollen wir dies besprechen.

7.2 Pakete für 3–dimensionale Vektoralgebra und Vektoranalysis

Zum Lieferumfang von Reduce gehören normalerweise auch zwei Pakete für Vektorrechnung, nämlich `AVECTOR` und `ORTHOVEC`. Deren Anwendung ist jedoch auf drei–dimensionale Vektoren begrenzt. Beide Pakete sind in Großbritannien entwickelt worden und erweitern Reduce um einen Vektor–Datentyp, für den dann auch die wichtigen Vektor–Operationen definiert sind. Zusätzlich dazu stellen sie Operatoren zur Verfügung, mit deren Hilfe Linien– und Volumenintegrale berechnet werden können. `ORTHOVEC` bietet zusätzlich noch eine Vektor–Taylorentwicklung, kennt jedoch im Gegensatz zu `AVECTOR` nicht die Multiplikation eines Vektors mit einer Matrix ('Dyade'). Wir werden im wesentlichen das `AVECTOR`–Paket beschreiben, welches mit

```
load_package avector$
```

geladen werden kann.

Analog zum Umgang mit Matrizen (Abschnitt 6.1) können Vektoren deklariert und initialisiert werden. Durch

```
vec u,v,w$
```

werden die Bezeichner `U`, `V` und `W` als Vektoren deklariert. Dies entspricht der Deklaration von Matrizen mit Hilfe von `MATRIX`. Um die Komponenten eines Vektors zu spezifizieren, kann der `AVEC`–Operator, entsprechend dem `MAT`–Operator für Matrizen, verwendet werden:

```
u:=avec(ux,uy,uz)$
v:=avec(sqrt(2),sqrt(2),0)$
```

Einzelne Vektorkomponenten können angesprochen werden, indem man den Vektor wie ein eindimensionales Feld behandelt, dessen Komponenten über einen Index zu erreichen sind. Dabei ist zu beachten, daß der Index beim Vektordatentyp von Null bis Zwei, und nicht von Eins bis Drei läuft! Wie bei Feldern sind nach der Deklaration die Vektorkomponenten zuerst mit Null vorbelegt.

```
v(0);
```

Zu den möglichen Operationen mit Vektoren gehören selbstverständlich die Multiplikation mit Skalaren und die entsprechende Division, die ganz normal mit `*` und `/` erreicht wird. Ebenso einfach können Vektoraddition und –subtraktion mit `+` und `-` realisiert werden. Unmögliche Verknüpfungen, wie die Division durch eine vektorielle Größe, werden mit einer Fehlermeldung quittiert. Für die multiplikative Verknüpfung zweier Vektoren gibt es die beiden Infix–Operatoren `DOT` und `CROSS`, die also Skalar– und Vektorprodukt definieren. Dabei hat die Multiplikation zweier Vektoren Vorrang vor der Multiplikation mit bzw. der Division durch eine skalare Größe. Einige Beispiele:

```
clear s$                    % s sei eine skalare Groesse
a:=avec(ax,ay,az)$
b:=avec(bx,by,bz)$
c:=avec(cx,cy,cz)$
d:=avec(dx,dy,dz)$

15*a;
-c;
(a+b)-(c+d);
s*a cross c;                % gleichbedeutend mit s*(a cross c)
s:=(a cross b) dot (c cross d);
```

Zusätzlich kann mit Hilfe des Operators VMOD der Absolutbetrag eines Vektors bestimmt werden, so daß man leicht eine Prozedur zur Normierung von Vektoren schreiben kann:

```
procedure vnorm(v)$
v/(vmod v)$

vnorm(13);                              % nur fuer Vektoren! --> Fehler
vnorm(avec(ax,ay,az));
```

Bis jetzt wurden Operatoren der Vektor-Algebra beschrieben. Ebenso wichtig sind jedoch die Operatoren GRAD, DIV und CURL aus der Vektor-Analysis, die für die Bildung von Gradient, Divergenz und Rotation benutzt werden. Außerdem gibt es mit DELSQ den Laplace-Operator $\Delta := div\,grad$, der sich in kartesischen Koordinaten zu $\Delta = \partial^2/\partial x^2 + \partial^2/\partial y^2 + \partial^2/\partial z^2$ ergibt. Um sinnvoll mit diesen Differential-Operatoren arbeiten zu können, muß man angeben, von welchen Koordinaten die einzelnen Vektorkomponenten abhängen. Kartesischen Koordinaten bezeichnen wir mit X, Y und Z:

```
clear s$

a:=avec(ax,ay,az)$
depend ax,x,y,z$
depend ay,x,y,z$
depend az,x,y,z$
depend s,x,y,z$

div(a);
curl(a);
grad(s);
delsq(a);
delsq(s);
```

Beispiel (aus der Vektoranalysis): Überprüfe die Richtigkeit der Formel

$$\nabla \cdot (\varphi \nabla \cdot \psi - \psi \nabla \cdot \varphi) = \varphi \Delta \psi - \psi \Delta \varphi \; .$$

```
depend phi,x,y,z$
depend psi,x,y,z$
div(phi*grad(psi)-psi*grad(phi))-(phi*delsq(psi)-psi*delsq(phi));
```

Da nicht alle Probleme einfach in kartesischen Koordinaten beschreibbar sind, kann man mit GETCSYSTEM auf Kugel- bzw. Zylinderkoordinaten umschalten:

```
getcsystem 'spherical$
```

bzw.

```
getcsystem 'cylindrical$
```

DF und INT können auch mit vektoriellen Operatoren oder Variablen arbeiten. Zur Ergänzung gibt es weitere Integrations–Operatoren. Mit DEFINT können bestimmte Integrale vektorieller oder skalarer Größen berechnet werden:

```
defint(e**(phi),phi,-pi,pi);
```

Schließlich kann man mit VOLINTEGRAL Volumenintegrale und mit LINEINT Linienintegrale berechnen. DEFLINEINT berechnet bestimmte Linienintegrale. Um z.B. das Linienintegral

$$\int_{r_1}^{r_2} V \cdot dr$$

über das Vektorfeld

$$V = (3x^2 + 5y, \, -12yz, \, 2xyz^2)$$

von $r_1 = (0, 0, 0)$ nach $r_2 = (1, 1, 0)$ entlang der Kurve $(s, s, 0)$ mit dem unabhängigen Parameter s zu berechnen, gibt man ein:

```
v:=avec(3*x**2+5*y,-12*y*z,2*x*y*z**2);
kurve:=avec(s,s,0);
deflineint(v,kurve,s,0,1);
```

Genauso bequem kann man auch Volumenintegrale berechnen, allerdings nur unbestimmte. Dabei spielt es keine Rolle, ob man in kartesischen, Kugel– oder Zylinder–Koordinaten arbeiten will. Es muß eben nur vorher mit GETCSYSTEM auf das gewünschte Koordinatensystem umgestellt werden.

Beispiel (aus der Vektoralgebra): Gegeben sei ein Inertialsystem I. Ein zweites achsenparalleles Inertialsystem I', das zur Zeit $t = t' = 0$ mit I zusammenfällt, fliege relativ zu I mit der (3er–) Geschwindigkeit v (vergleiche Abbildung 7.1). Die Systeme I und I' sind durch eine Lorentztransformation miteinander verknüpft. Ein Massenpunkt bewegt sich nun in I' mit der (3er–) Geschwindigkeit u'. Relativ zu I hat der Massenpunkt die Geschwindigkeit u. Aus den Lorentz–Transformationsformeln mit $\gamma := 1/\sqrt{1 - v^2}$ findet man als das Additionstheorem der Geschwindigkeit den Zusammenhang zwischen u und u' zu (Lichtgeschwindigkeit $c = 1$):

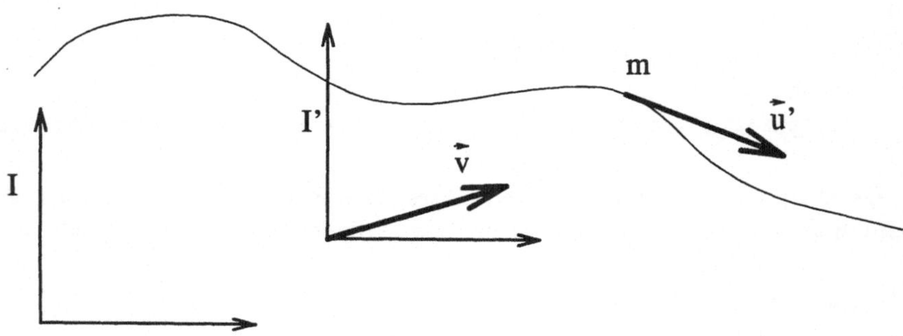

Abbildung 7.1: Additionstheorem der Geschwindigkeiten

$$\boldsymbol{u} = \frac{\frac{1}{\gamma}\,\boldsymbol{u}' + \frac{\gamma-1}{\gamma v^2}\,(\boldsymbol{v}\cdot\boldsymbol{u}')\,\boldsymbol{v} + \boldsymbol{v}}{1+\boldsymbol{v}\cdot\boldsymbol{u}'}\,.$$

Wie hängen nun die Beträge von $\boldsymbol{u}$ und $\boldsymbol{u}'$ zusammen? Aus der Lehrbuchliteratur ist die entsprechende Formel bekannt:

$$u^2 = 1 - \frac{(1-u'^2)(1-v^2)}{(1+\boldsymbol{v}\cdot\boldsymbol{u}')^2} \leq 1\,.$$

Üblicherweise wird sie nicht allgemein abgeleitet, sondern nur für Spezialfälle, wie $\boldsymbol{u}'$ parallel zu $\boldsymbol{v}$, verifiziert. Wir wollen sie mit AVECTOR allgemein beweisen.

Zuerst deklarieren wir die Vektoren:

```
u:=avec(ux,uy,uz)$
ust:=avec(ustx,usty,ustz)$
v:=avec(vx,vy,vz)$
```

Das Additionstheorem wird eingegeben

```
u:=(ust/gamma+((gamma-1)/(gamma*v dot v))
              *(v dot ust)*v+v)/(1+v dot ust)$
```

und $u^2 - 1$ errechnet:

```
links:=u dot u-1$
```

Sukzessive wird γ eingesetzt:

```
gamma:=1/sqrt(1-v dot v)$
links:=links;
```

Der sich ergebende gebrochen rationale Ausdruck ist sehr komplex. Wir bestimmen seinen Zähler und Nenner

```
zaehler:=num(links);
nenner:=den(links);
```

und faktorisieren diese:

```
zae:=factorize(zaehler);
nen:=factorize(nenner);
```

Das Ergebnis stimmt mit dem Zähler $(1-u'^2)(1-v^2)$ und dem Nenner $(1+\boldsymbol{v}\cdot\boldsymbol{u}')^2$ der obigen Formel überein. Sicherheitshalber machen wir die Probe und bauen den Ausdruck aus den einzelnen Faktoren wieder auf:

```
lin:=first(zae)*second(zae)/(first(nen)*second(nen));
lin-links;                                    % muss 0 ergeben
```

Wir haben hier lediglich einen Zwischenschritt verifiziert, so wie er bei einer Vorlesung auftrat. Selbstverständlich ließe sich das obige Programm sinngemäß erweitern und hülfe dann auch bei anderen kinematischen Problemen im Rahmen der Speziellen Relativitätstheorie, solange man nicht ihre explizit vier-dimensionale Darstellung wählt.

Als Fazit bleibt: Wer sich auf drei-dimensionale Vektoren beschränken kann, dem wird das Zusatzpaket AVECTOR (bzw. ORTHOVEC) sicher eine große Hilfe sein.

7.3 Tensoranalysis, Christoffel-Symbole, Allgemeine Relativität

Wenn wir also beliebige krummlinige Koordinatensysteme benutzen wollen oder Größen zweiter, dritter oder vierter Stufe auftreten oder wir uns von der Dimensionszahl drei bzw. der Euklidizität des unterliegenden Kontinuums lösen wollen, dann können wir uns dem Ricci-Kalkül zuwenden.

Hier wird nicht direkt ein Paket angeboten. Unter den „Relativisten" werden aber Programme weitergereicht, hier ist insbesondere die Allgemeine Relativitäts-Bibliothek ('GR Library') von J.D. McCrea (Dublin) zu nennen, die wir uns zunutze machen und hier teilweise beschreiben wollen. Diese Programme von J.D. McCrea finden sich in [11,22] und können bei ihm elektronisch angefordert werden. Seine E-Mail-Adresse ist *mccread@irlearn.ucd.ie* .

Im letzten Absatz von Abschnitt 2.6 haben wir bereits die Metrik in kartesischen Koordinaten 'programmiert'. Wir wollen uns auch hier sofort der 4-dimensionalen Raumzeit zuwenden. Falls man den nullten Index unterdrückt, erhält man stets die entsprechenden Größen für den 3-dimensionalen normalen Anschauungsraum.

Beliebige krummlinige *Koordinaten* x^i definieren wir als Operator:

```
operator x$
```

Räumliche Kugelkoordinaten r, θ, ϕ in der Raumzeit, mit Zeitkoordinate t, können wir dann etwa durch

```
x(0):=t$ x(1):=r$ x(2):=theta$ x(3):=phi$
```

spezifizieren.

Wir wollen nun annehmen, daß die Raumzeit eine *Metrik* trägt. Die Metrik bzw. das Linienelement eines Raumes ist ein Ausdruck der Form

$$ds^2 = \sum_{i=0}^{3}\sum_{j=0}^{3} g_{ij}(x^k)\, dx^i dx^j\,, \qquad \text{mit} \qquad g_{ij} = g_{ji}\,.$$

Hierbei sind x^i ($i = 0, 1, 2, 3$) die Koordinaten der Raumzeit, beispielsweise die oben angegebenen Kugelkoordinaten. Die kovarianten Komponenten der Metrik

$g_{ij} = g_{ij}(x^k)$ $(i, j, k = 0, 1, 2, 3)$, stellen wegen ihrer Symmetrie zehn unabhängige Funktionen von x^0, x^1, x^2, x^3 dar. Die kontravarianten Komponenten g^{jk} der Metrik sind gemäß

$$\sum_{j=0}^{3} g_{ij}\, g^{jk} = \delta_i^k .$$

definiert. Somit stellt die Matrix (g^{ij}) das Inverse der Matrix (g_{ij}) dar.

Wie können wir nun die Metrik in Reduce realisieren? Als 2–stufigem Tensor weisen wir ihr die Felder

```
array gll(3,3), ghh(3,3)$
```

zu. Die Bezeichner der Tensoren stellen eine abgekürzte Schreibweise für **g**–**l**ow–**l**ow und **g**–**h**igh–**h**igh dar. Dabei steht 'low' (engl. tief) für 'Koordinatenindex unten' und 'high' (engl. hoch) für 'Koordinatenindex oben'. Dies ist eine Verabredung, die wir als bequem empfinden — und die wir übrigens beim gemischt–varianten 2–stufigen Einheitstensor δ_i^j, dem Kronecker–Symbol, sofort durchbrechen,

```
array delta(3,3)$
delta(0,0):=delta(1,1):=delta(2,2):=delta(3,3):=1$
```

da hier keine andere Indexstellung erlaubt ist. In der Minkowski–Raumzeit der Speziellen Relativität wäre die Metrik in Kugelkoordinaten durch

```
gll(0,0):=-1$
gll(1,1):= 1$ gll(2,2):= r**2$ gll(3,3):= r**2*(sin theta)*2$
```

gegeben. Wenn wir den Zeitindex unterdrücken, gilt das Entsprechende im 3–dimensionalen Euklidischen Raum. Ihr Inverses GHH läßt sich bequem mit Hilfe des Matrixpaketes berechnen. Dabei haben wir jedoch darauf zu achten, daß Matrixelemente beginnend mit 1 (und nicht wie bei Feldern beginnend mit 0) durchnumeriert werden. Zudem können wir einige Schleifen sparen, wenn wir die Symmetrie der Metrik berücksichtigen:

```
matrix mgll(4,4), mghh(4,4)$
for i:=0:3 do
    for j:=i:3 do mgll(j+1,i+1):=mgll(i+1,j+1):=gll(i,j)$
mghh := 1/mgll$
for i:=0:3 do for j:=i:3 do ghh(j,i):=ghh(i,j):=mghh(i+1,j+1)$
detg := det mgll$ sqrtg := sqrt(-detg);
clear mgll, mghh$
```

Wie ersichtlich, haben wir sofort auch die skalare Dichte $\sqrt{-\det g_{kl}}$ errechnet.

In einer analogen Weise werden wir andere Tensoren, etwa den 3–stufigen Tensor $t^i{}_{jk}$, mit der Deklaration

```
array thll(3,3,3)$
```

einführen. Das vollständig antisymmetrische *Levi–Civita–Symbol* $\epsilon(ijkl)$ benötigt einige Schreibarbeit (die uns allerdings McCrea bereits abgenommen hat):

```
array epsi(3,3,3,3)$

epsi(0,1,2,3):=epsi(0,2,3,1):=epsi(0,3,1,2):=1$
epsi(2,0,1,3):=epsi(2,1,3,0):=epsi(2,3,0,1):=1$
epsi(0,2,1,3):=epsi(0,1,3,2):=epsi(0,3,2,1):=-1$
epsi(2,1,0,3):=epsi(2,0,3,1):=epsi(2,3,1,0):=-1$
epsi(1,0,2,3):=epsi(1,2,3,0):=epsi(1,3,0,2):=-1$
epsi(3,0,1,2):=epsi(3,1,2,0):=epsi(3,2,0,1):=-1$
epsi(1,2,0,3):=epsi(1,0,3,2):=epsi(1,3,2,0):=1$
epsi(3,1,0,2):=epsi(3,0,2,1):=epsi(3,2,1,0):=1$
```

Die zugeordneten total antisymmetrischen 4–stufigen Einheitstensoren ϵ_{ijkl} bzw. ϵ^{ijkl} ergeben sich daraus gemäß

```
array epsillll(3,3,3,3), epsihhhh(3,3,3,3)$

for i:=0:3 do for j:=0:3 do for k:=0:3 do for l:=0:3 do
    << epsillll(i,j,k,l):=    sqrtg   * epsi(i,j,k,l)$
       epsihhhh(i,j,k,l):= -(1/sqrtg) * epsi(i,j,k,l)>>$
```

Somit hätten wir die Koordinaten x^i, die Metrik g_{ij} bzw. g^{ij} mit $\sqrt{-\det g_{kl}}$, den Einheitstensor δ_i^j, den antisymmetrischen Einheitstensor ϵ_{ijkl} bzw. ϵ^{ijkl} in Reduce verfügbar gemacht und können damit Tensoralgebra betreiben.

Die irreduzible Zerlegung eines Tensors ist ein weiteres Beispiel für eine algebraische Tensor–Operation. Nehmen wir an, wir hätten mit

```
array tllh(3,3,3)$
```

einen Tensor $t_{ij}{}^k$ erklärt, der in den beiden ersten Indizes antisymmetrisch sein soll, d.h. $t_{ij}{}^k = -t_{ji}{}^k$. Die Komponenten `TLLH(0,1,0)` usw. seien mit bestimmten Werten besetzt (etwa dadurch, daß wir sie aus einer Feldgleichung errechneten). Eine Metrik $g_{ij} = g_{ji}$ soll existieren, d.h. Indizes können gehoben und gesenkt werden.

Es ist bekannt, daß die Spur $t_{ik}{}^k$ (Summe über zwei wiederholte Indizes!) irreduzibel ist, ebenfalls der total antisymmetrische Teil

$$t_{[ijk]} := \frac{1}{6}\left(t_{ijk} + t_{jki} + t_{kij} - t_{jik} - t_{kji} - t_{ikj}\right) = t_{[ij}{}^l\, g_{k]l}\,,$$

der dem axialen Vektor $(1/6)\epsilon^{ijkl}\, t_{[jkl]}$ äquivalent ist. Somit haben wir

$$t_{ij}{}^k = {}^{(1)}t_{ij}{}^k + {}^{(2)}t_{ij}{}^k + {}^{(3)}t_{ij}{}^k\,, \quad \text{mit} \quad {}^{(2)}t_{ij}{}^k := \frac{2}{3}\,\delta^k_{[i}\, t_{j]l}{}^l \quad \text{und} \quad {}^{(3)}t_{ij}{}^k := g^{kl}\, t_{[ijl]}\,.$$

Durch die irreduzible Zerlegung wird der 24–dimensionale Vektorraum in drei orthogonale Unterräume der Dimension 16, 4, 4 zerlegt. Dem Tensoranteil ${}^{(1)}t_{ij}{}^k$ entsprechen 16 unabhängige Komponenten, dem Vektor- und dem Axialvektoranteil ${}^{(2)}t_{ij}{}^k$ bzw. ${}^{(3)}t_{ij}{}^k$ jeweils 4 Komponenten.

Folgende Datei zur irreduziblen Zerlegung des Tensors $t_{ij}{}^k$ haben wir vorbereitet:

```
% Datei irred1.rei, Irreduzible Zerlegung 1, 1992-06-17
% Vorgegeben sind Kronecker, Metrik und Tensor
% delta(3,3), gll(3,3) bzw. ghh(3,3) und tllh(3,3,3)

array tentllh(3,3,3), vektllh(3,3,3), axitllh(3,3,3),
      tlll(3,3,3), vektl(3), axitlll(3,3,3)$

for i:=0:3 do for j:=i+1:3 do for k:=0:3 do
      <<tlll(i,j,k):=for l:=0:3 sum gll(k,l)*tllh(i,j,l)$
        tlll(j,i,k):=-tlll(i,j,k)>>$

for i:=0:3 do vektl(i):=for l:=0:3 sum tllh(i,l,l)$

for i:=0:3 do for j:=i+1:3 do for k:=0:3 do
      <<vektllh(i,j,k):=(1/3)*(delta(i,k)
                             *vektl(j)-delta(j,k)*vektl(i))$
        vektllh(j,i,k):=-vektllh(i,j,k)$
        axitlll(i,j,k):=(1/3)*(tlll(i,j,k)+tlll(j,k,i)
                                          +tlll(k,i,j))$
        axitlll(j,i,k):=-axitlll(i,j,k)>>$

for i:=0:3 do for j:=i+1:3 do for k:=0:3 do
      <<axitllh(i,j,k):=for l:=0:3 sum ghh(k,l)*axitlll(i,j,l)$
        axitllh(j,i,k):=-axitllh(i,j,k)>>$

for i:=0:3 do for j:=i+1:3 do for k:=0:3 do
      <<tentllh(i,j,k):=tllh(i,j,k)-vektllh(i,j,k)
                                    -axitllh(i,j,k)$
        tentllh(j,i,k):=-tentllh(i,j,k)>>$

on gcd,nero$

for i:=0:3 do for j:=i+1:3 do for k:=0:3 do write
      tentllh(i,j,k):=tentllh(i,j,k);

for i:=0:3 do for j:=i+1:3 do for k:=0:3 do write
        vektllh(i,j,k):=vektllh(i,j,k);

for i:=0:3 do for j:=i+1:3 do for k:=0:3 do write
        axitllh(i,j,k):=axitllh(i,j,k);

off gcd, nero$
end;
```

Zuerst berechnen wir den Tensor t_{ijk} . Wegen der Antisymmetrie in den beiden ersten Indizes, können wir dabei die FOR-Schleifen abkürzen. Sodann wird $t_{il}{}^{l}$ bestimmt. Nach diesen Vorbereitungen berechnen wir sukzessive ${}^{(2)}t_{ij}{}^{k}$ (oder VEKTLLH), ${}^{(3)}t_{ijk}$ (oder AXITLLL), ${}^{(3)}t_{ij}{}^{k}$ (oder AXITLLH) und schließlich ${}^{(1)}t_{ij}{}^{k}$ (oder

TENTLLH). Mit ON GCD versuchen wir zu kürzen, und ON NERO sorgt dafür, daß nur die nichtverschwindenden Komponenten von ${}^{(1)}t_{ij}{}^{k}$, ${}^{(2)}t_{ij}{}^{k}$ und ${}^{(3)}t_{ij}{}^{k}$ ausgegeben werden. Die Datei wird mit END; geschlossen.

Sei nun beispielsweise

```
tllh(1,2,3):= psi$
```

und alle anderen Komponenten seien Null. Durch den Befehl IN "irred1.rei"; wird unsere Datei eingelesen. Da in diesem Abschnitt bereits Kronecker, Metrik und jetzt auch der Tensor vorgegeben sind, führt das Einlesen der Datei zur irreduziblen Zerlegung von TLLH(1,2,3):=PSI in der Minkowski–Raumzeit in den oben eingeführten Kugelkoordinaten. Ein solches Programm kann, falls die Komponenten von TLLH komplizierte Ausdrücke sind, außerordentlich nützliche Dienste leisten. Wir wenden es oft zur Zerlegung des aus der Differentialgeometrie bekannten Torsionstensors an.

Wenden wir uns nun der Tensoranalysis zu. Durch Differentiation erhalten wir aus der Metrik die *Christoffel–Symbole*, die bei der Bildung von kovarianten Ableitungen als Zusammenhangs– (oder Konnexions–)Komponenten des durch die Metrik definierten Riemannschen Raumes fungieren. Die Christoffel–Symbole zweiter Art sind durch

$$\Gamma_{ij}{}^{k} := \sum_{m=0}^{3} g^{km}\Gamma_{ij\,m}$$

gegeben, wobei $\Gamma_{ij\,m}$ die Christoffel–Symbole erster Art sind:

$$\Gamma_{ij\,m} := \frac{1}{2}\left(\frac{\partial g_{jm}}{\partial x^i} + \frac{\partial g_{mi}}{\partial x^j} - \frac{\partial g_{ij}}{\partial x^m}\right).$$

Sie können also durch Differentiation aus der Metrik errechnet werden.

Wir wollen nun mit einer axialsymmetrischen Metrik arbeiten, die in den obigen Kugelkoordinaten durch

$$ds^2 = g_{00}\,dt^2 + g_{11}\,dr^2 + g_{22}\,d\theta^2 + g_{33}\,d\phi^2 + 2g_{03}\,dt\,d\phi$$

gegeben ist. Die nichtverschwindenden Komponenten g_{00}, g_{11}, g_{22}, g_{33} und g_{03} der Metrik sind von r und θ abhängig. Wir legen wieder eine kleine Datei mit dem Namen axial.rei an:

```
% Datei axial.rei, axialsymmetrische Metrik, 1992-06-17

array gll(3,3)$
operator x$
x(0):=t$ x(1):=r$ x(2):=theta$ x(3):=phi$

gll(0,0):=g00$ gll(1,1):=g11$
gll(2,2):=g22$ gll(3,3):=g33$ gll(0,3):=gll(3,0):=g03$

depend g00,r,theta$
depend g11,r,theta$
```

```
depend g22,r,theta$
depend g33,r,theta$
depend g03,r,theta$
end$
```

Die Komponenten der Metrik, die verschwinden, brauchen nicht gesetzt zu werden, da ein Feld mit 0 initialisiert wird.

Wie oben berechnen wir g^{ij} und $\sqrt{-\det g_{kl}}$:

```
% Datei metrik.rei, 1992-06-17
% Vorgegeben ist gll(3,3)

array ghh(3,3)$
matrix mgll(4,4), mghh(4,4)$
for i:=0:3 do for j:=i:3 do
    mgll(i+1,j+1):=mgll(j+1,i+1):=gll(i,j)$
mghh:=1/mgll$
for i:=0:3 do for j:=i:3 do
    ghh(i,j):=ghh(j,i):=mghh(i+1,j+1)$
detg := det mgll$ sqrtg := sqrt(-detg)$
clear mgll, mghh$
end$
```

Bei der Berechnung des Zusammenhangs bzw. der Konnexion ${\Gamma_{ij}}^k$ führen wir die Felder CHRISLLL und CHRISLLH ein, wobei wir die Symmetrie in i und j explizit berücksichtigen wollen:

```
% Datei chris.rei, Christoffel-Symbole, 1992-06-17
% Vorgegeben sind gll(3,3) und ghh(3,3)

array chrislll(3,3,3),chrisllh(3,3,3)$
for i:=0:3 do for j:=i:3 do
  <<for k:=0:3 do chrislll(j,i,k) := chrislll(i,j,k):=
      (df(gll(j,k),x(i))+df(gll(k,i),x(j))-df(gll(i,j),x(k)))/2$
    for k:=0:3 do chrisllh(j,i,k):= chrisllh(i,j,k) :=
      for m:=0:3 sum ghh(k,m)*chrislll(i,j,m)>>$
end;
```

Sind wir in der Minkowski–Raumzeit der Speziellen Relativität, dann haben wir alle Größen, um Tensoranalysis betreiben zu können. Für den gekrümmten Raum der Allgemeinen Relativität müssen wir jedoch noch zusätzlich den Riemannschen Krümmungstensor berechnen, der in Komponenten durch

$$ {R_{ijk}}^l = \frac{\partial {\Gamma_{jk}}^l}{\partial x^i} - \frac{\partial {\Gamma_{ik}}^l}{\partial x^j} + \sum_{m=0}^{3} \left({\Gamma_{im}}^l {\Gamma_{jk}}^m - {\Gamma_{jm}}^l {\Gamma_{ik}}^m \right) $$

gegeben ist. Falls man seinen letzten Index senkt, besitzt er die Symmetrien

$$ R_{ijkl} = -R_{jikl} = -R_{ijlk} = R_{klij} \, , $$

$$R_{ijkl} + R_{jkil} + R_{kijl} = 0\,,$$

so daß die Krümmung lediglich 20 unabhängige Komponenten hat. Schließlich erhalten wir den Ricci–Tensor durch Verjüngung des Riemann–Tensors:

$$R_{ij} = \sum_{k=0}^{3} R_{kij}{}^{k}\,.$$

All dies leistet die Datei `riem.rei`:

```
% Datei, riem.rei, Riemann-Tensor, 1992-06-17
% Vorgegeben gll(3,3) und chrisllh(3,3,3)
array riemllll(3,3,3,3)$

for i:=0:3 do for j:=i+1:3 do for k:=i:3 do
  for l:=k+1:if k=i then j else 3 do begin
    riemllll(i,j,k,l):= riemllll(j,i,l,k) := for n:= 0:3 sum
      gll(l,n)*(df(chrisllh(j,k,n),x(i))
             - df(chrisllh(i,k,n),x(j))
             + for m:=0:3 sum (chrisllh(i,m,n)*chrisllh(j,k,m)
                               -chrisllh(j,m,n)*chrisllh(i,k,m)))$
    riemllll(i,j,l,k):= -riemllll(i,j,k,l)$
    riemllll(j,i,k,l):= -riemllll(i,j,k,l)$
    if i=k and j<=l then goto l1$
    riemllll(k,l,i,j):= riemllll(l,k,j,i) := riemllll(i,j,k,l)$
    riemllll(l,k,i,j):= -riemllll(i,j,k,l)$
    riemllll(k,l,j,i):= -riemllll(i,j,k,l)$
  l1: end$
array riccill(3,3)$
for i:=0:3 do for j:=i:3 do write
riccill(i,j):=for k:=0:3 sum
                  for l:=0:3 sum ghh(k,l)*riemllll(k,i,j,l);
end$
```

Wir haben folgende Entsprechungen zwischen Reduce–Feldern und der üblichen mathematischen Notation:

`chrisllh(i,j,k)` $\leftrightarrow \Gamma_{ij}{}^{k}$, `riemlllh(i,j,k,l)` $\leftrightarrow R_{ijk}{}^{l}$, `riccill(i,j)` $\leftrightarrow R_{ij}$,

Somit bereiteten wir uns vier Dateien zur Berechnung des Ricci–Tensors vor, die wir mit

```
in "axial.rei", "metrik.rei", "chris.rei", "riem.rei";
```

einlesen können. Nach einigen Sekunden, je nach dem benutzten Computer gegebenenfalls auch nach einer etwas längeren Zeit, werden die Komponenten des Ricci–Tensors auf dem Bildschirm ausgegeben. Nun kann man etwa die Richtigkeit der Kerr–Lösung der Allgemeinen Relativität nachprüfen (vgl. etwa Sexl und Urbantke [69]), indem man die `G00` usw. explizit eingibt. Die Metrik der Kerr–Lösung lautet (m = Masse, a = Drehimpuls):

$$g_{00} = -\left(1 - \frac{2mr}{\rho^2}\right), \qquad g_{11} = \frac{\rho^2}{r^2 - 2mr + a^2}, \qquad g_{22} = \rho^2$$

$$g_{33} = \sin^2\theta \left(r^2 + a^2 + \frac{2ma^2 r \sin^2\theta}{\rho^2}\right), \qquad g_{03} = -\frac{2mar\sin^2\theta}{\rho^2},$$

mit

$$\rho^2 := r^2 + a^2\cos^2\theta\,.$$

Aus Gründen des Speicherbedarfs und der Rechengeschwindigkeit ist es oft günstig, die Komponenten der Metrik nicht in einem Zug einzusetzen:

```
% Datei kerr.rei, Kerr-Metrik, 1992-06-17

depend rhosq,r,theta$
%'rhosq' bezeichnet r**2+a**2*cos(theta)**2

let { df(rhosq,r)      => 2*r,
      df(rhosq,theta) => -2*a**2*cos(theta)*sin(theta) }$
off exp$
let { g00 => -(1-2*m*r/rhosq),
      g11 => rhosq/(r**2-2*m*r+a**2),
      g22 => rhosq,
      g33 => (r**2+a**2+2*m*r*a**2*sin(theta)**2/rhosq)
             * sin(theta)**2,
      g03 => 2*a*m*r*sin(theta)**2/rhosq }$
for i:=0:3 do for j:=i:3 do riccill(i,j):=riccill(i,j)$

on exp;
let { sin(theta)**2 => 1-cos(theta)**2,
      r**2          => rhosq-a**2*cos(theta)**2 }$
for i:=0:3 do for j:=i:3 do write riccill(i,j):=riccill(i,j);
showtime;
end;
```

In der Tat stellen sich alle Komponenten des Ricci–Tensors als verschwindend heraus.

Um Riemann–, Ricci– und Einstein–Tensoren für jede beliebige Metrik zu berechnen, reicht es aus, die erste Datei `axi.rei` und die letzte Datei `kerr.rei` auszutauschen, die anderen Dateien bleiben dieselben.

Oben hatten wir einen 3–stufigen antisymmetrischen Tensor irreduzibel zerlegt. Analog können wir auch den Riemannschen Krümmungstensor in seine irreduziblen Teile aufspalten: in den Weyl–Tensor (4–stufiger Tensoranteil), den spurfreien Ricci–Tensor (2–stufiger Tensoranteil) und den Krümmungsskalar (skalarer Anteil) gemäß $20 = 10 \oplus 9 \oplus 1$. Zur Petrov–Klassifikation von Gravitationsfeldern benötigt man oft den Weyl–Tensor:

```
% Datei weyl.rei, nach McCrea, 1992-06-17
% Vorgegeben gll(3,3), ghh(3,3), riemllll(3,3,3,3)

clear riccill$
array weyl(3,3,3,3), riccill(3,3)$
for i:=0:3 do for j:=i:3 do riccill(j,i):= riccill(i,j):=
  for k:=0:3 sum for l:=0:3 sum ghh(k,l)*riemllll(k,i,j,l)$
rsc:=for i:=0:3 sum for j:=0:3 sum ghh(i,j)*riccill(i,j)$
for i:=0:3 do for j:=i+1:3 do for k:=i:3 do
  for l:=k+1:if k=i then j else 3 do begin
    weyl(i,j,k,l):=weyl(j,i,l,k):=riemllll(i,j,k,l)
         -(1/2)*(gll(i,l)*riccill(j,k)-gll(i,k)*riccill(j,l))
         -(1/2)*(gll(j,k)*riccill(i,l)-gll(j,l)*riccill(i,k))
         -(1/6)*rsc*(gll(i,k)*gll(j,l)-gll(i,l)*gll(j,k))$
    weyl(i,j,l,k):=-weyl(i,j,k,l)$
    weyl(j,i,k,l):=-weyl(i,j,k,l)$
    if i=k and j<=l then go to marke$
    weyl(l,k,i,j):=-weyl(i,j,k,l)$
    weyl(k,l,j,i):=-weyl(i,j,k,l)$
  marke: end$

procedure schreibweyl$
for i:=0:3 do for j:=i+1:3 do for k:=i:3 do
  for l:=k+1:(if k=i then j else 3) do
    write weyl(i,j,k,l):=weyl(i,j,k,l)$

schreibweyl();
end$
```

Wir könnten nun die Maxwellschen Gleichungen programmieren (siehe McCrea's GR Library). Wir wollen dies aber auf den nächsten Abschnitt 7.4 verschieben und dort dann sofort im äußeren Kalkül arbeiten.

7.4 Das EXCALC–Paket für äußere Differentialformen

Äußere Differentialformen und der entsprechende Cartan–Kalkül werden zunehmend sowohl in der klassischen Mechanik als auch in der klassischen Feldtheorie, also in Eichtheorien und in der Allgemeinen Relativitätstheorie und deren Erweiterungen angewandt. Das Excalc–Paket von Reduce, welches mit

```
load_package excalc$
```

nachgeladen werden kann, wurde von E. Schrüfer (St.Augustin) genau für diesen Zweck geschrieben. Das Paket ermöglicht den Umgang mit skalarwertigen Differentialformen, Vektoren und indizierten, etwa Lie–algebrawertigen Differentialformen, sowie Operationen zwischen ihnen. Im Rahmen unserer wissenschaftlichen Untersuchungen haben wir dieses Paket ausgiebig benutzt, um exakte Lösungen in der Allgemeinen Relativitätstheorie und in Eichfeldtheorien der Gravitation zu finden.

Es waren hauptsächlich unsere Forschungen auf dem Gebiet der Gravitations–Eichfeldtheorien, die uns bewußt machten, daß wir Computer–Algebra lernen sollten. Da zu dieser Zeit (ungefähr 1982) Excalc noch nicht erhältlich war, begannen wir mit A. Krasiński's Lisp–basiertem Programm ORTOCARTAN[2], welches recht nützlich ist. In den letzten Jahren [35] ist Reduce zu unserem Werkzeug geworden; vorzugsweise mit dazugeladenem Excalc.

Eine p–Form wird durch Festlegung ihrer Stufe und ihrer Wertigkeit deklariert:

```
pform christ1(a,b)=1$
```

deklariert CHRIST1 als eine 1–Form (Pfaffsche Form) mit 2 Indizes, A und B. Dabei soll uns die Zahl 1 in CHRIST1 an die Stufe der Form erinnern. Wir finden diese Konvention nützlich.

```
pform curv2(a,b)=2$
```

deklariert CURV2 als eine 2–Form mit ebenfalls zwei Indizes. Die Indizes A und B sind, wie auch bei CHRIST1(A,B), willkürlich, d.h. wir hätten CURV2 stattdessen auch durch PFORM CURV2(I,J)=2$ deklarieren können. Eine gewöhnliche Funktion, eine 0–Form, muß ebenso deklariert werden:

```
pform psi=0$
```

Mit

```
fdomain psi=psi(r)$
```

wird festgelegt, daß die Funktion Ψ von der Variablen r abhängig ist. In Excalc ist @ der Operator für partielle Differentiation, analog zu DF in 'nacktem' Reduce. Somit wird @(PSI,THETA) zu Null ausgewertet.

Die äußere Ableitung wird einfach mit D bezeichnet; als Zeichen für das äußere Produkt wird das Dach ^ (auch Keil genannt) benutzt. Indem wir die bereits deklarierten Formen benutzen, können wir z.B. den folgenden Befehl formulieren:

```
curv2(-a,b):=d christ1(-a,b)+christ1(-c,b)^christ1(-a,c);
```

Das Minus vor einem Index bedeutet, daß es sich um einen tiefgestellten Index handelt, also einen *kovarianten* Index, wohingegen ein Plus (oder kein Vorzeichen) einen hochgestellten, d.h. *kontravarianten* Index markiert. In Excalc wird die Einsteinsche Summenkonvention verwendet. Daher summiert Excalc über wiederholte Indizes verschiedener Positionen (d.h. über einen oberen kontravarianten und einen unteren kovarianten Index), wie über -C und C im obigen Beispiel. Beachten Sie besonders, daß wir keine FOR–Anweisung brauchen, um alle Komponenten von CURV2(A,B) zu berechnen. Die Indizes A, B, und C laufen über die Koordinaten, die durch die vorherige Deklaration

[2] Es existiert eine neuere Version [53], die von A. Krasiński (Warschau) erhältlich ist. Seine E–Mail–Adresse ist *akr@camk.edu.pl* .

```
indexrange t,r,theta,phi$
```

oder durch die `COFRAME`–Anweisung (siehe unten) bekannt gemacht worden sind.

Beispiel 1: Im Buche von Bamberg & Sternberg finden wir in Band 2 [37] auf Seite 568 die 2–Form τ in kartesischen Koordinaten

$$\tau := \frac{xdy \wedge dz + ydz \wedge dx + zdx \wedge dy}{(x^2+y^2+z^2)^{3/2}},$$

die, bis auf den Ursprung, überall definiert ist. Diese 2–Form ist geschlossen, d.h., $d\tau = 0$, wie man durch „a rather tedious computation" beweisen kann.

„...rather tedious..." für Leute ohne Excalc. Wir dagegen deklarieren τ als 2–Form, die von den Funktionen x, y, z abhängt:

```
pform tau2=2, x=0, y=0, z=0$ fdomain tau2=tau2(x,y,z)$
```

Sodann geben wir τ ein und berechnen seine äußere Ableitung:

```
tau2 := (x*d y^d z+y*d z^d x+z*d x^d y)/(x**2+y**2+z**2)**(3/2);
d tau2;
```

Mit Eintippen hat dies etwa 2 Minuten gebraucht. —

Durch Excalc wird Reduce um die folgenden speziellen Operatoren erweitert:

`^`	äußeres Produkt	n–ärer Infix–Operator
`D`	äußere Ableitung	unärer Präfix–Operator
`@`	partielle Ableitung	n–ärer Präfix–Operator
`_|`	inneres Produkt	binärer Infix–Operator
`|_`	Lie–Ableitung	binärer Infix–Operator
`#`	Hodge–Stern–Operator	unärer Präfix–Operator

Unär bedeutet, daß dort *ein*, binär, daß dort *zwei* und n–är, daß dort eine *beliebige* Zahl von Argumenten erwartet wird.

Angenommen wir deklarieren zwei Vektoren (Tangenten–Vektoren) und eine 2–Form:

```
tvector v,w$ pform f=2$
```

Dann ist das innere Produkt von `V` und `W`:

```
v _| f;                     % Leerzeichen sind freiwillig
```

Die Lie–Ableitung

```
w |_ f;
```

läßt sich zu `W _| D F + D(W _| F)` auswerten. Mit Excalc können wir auch die Lie–Ableitung eines Vektors `V` bezogen auf einen anderen Vektor `W` bestimmen, gemäß

```
w |_ v;
```

Genauso wie Operatoren in reinem Reduce, kann auch eine indizierte Form wie `CHRIST1(A,B)` als antisymmetrisch deklariert werden:

```
antisymmetric christ1$
```

Selbstverständlich gibt es auch den entsprechenden Befehl `SYMMETRIC`.

Um Excalc über die Dimension des Raumes, in dem gearbeitet wird, zu informieren, deklarieren wir

```
spacedim 4$                        % oder jede andere positive Zahl
```

falls `INDEXRANGE` nicht gesetzt wurde. Nun kennt Excalc den Werte–Bereich, den die Indizes in den indizierten p–Formen, die oben deklariert wurden, durchlaufen. Wenn man in der 4–dimensionalen Raumzeit–Mannigfaltigkeit arbeitet, reicht stattdessen die `COFRAME`–Anweisung aus, um die Dimension der Raumzeit, die zugrundeliegende 1–Form–Basis und die Metrik zu bestimmen. Die entsprechende Vektorbasis, `FRAME`, bezeichnen wir mit `E`. Als Beispiel wollen wir den (flachen) Minkowski–Raum der Speziellen Relativität in Kugelkoordinaten nehmen (das `O` der 1–Form–Basis soll an θ erinnern, mit dem die Basis oft bezeichnet wird):

```
coframe  o(t)     =                    d t,
         o(r)     =                    d r,
         o(theta) = r *                d theta,
         o(phi)   = r * sin(theta) *   d phi
   with signature (1,-1,-1,-1);
frame e;
```

Geradezu prädestiniert für den Einsatz von Excalc erscheinen die Maxwellschen Gleichungen des elektromagnetischen Feldes. Wir wollen sie hier in ihrer 4–dimensionalen Form benutzen.[3] Gegeben sei die 2–Form der elektromagnetischen Feldstärke (die Faraday–2–Form) `FARAD2` und die der elektromagnetischen Erregung `HMAX2`. `FARAD2` wird vom elektrischen und magnetischen Feld ($\boldsymbol{E}$, $\boldsymbol{B}$), `HMAX2` von den entsprechenden Erregungen ($-\boldsymbol{H}$, $\boldsymbol{D}$) aufgebaut. Dann lauten die jeweils linken Seiten der homogenen und der inhomogenen Maxwellschen Gleichung in dem von uns entwickelten Maxwell–Programm, falls wir beispielsweise das obige `COFRAME O(A)` mit seinem `FRAME E` voraussetzen, wie folgt:

```
pform farad2=2, hmax2=2, maxhom3=3, maxinh3=3$

farad2  := (q/r**2)*o(r)^o(t);  % das Coulomb-Feld der Ladung
                                %   q wurde eingesetzt
maxhom3 := d farad2;            % linke Seite der homogenen
                                %   Maxwellschen Gleichung
```

[3] Für eine kurze Darstellung der Maxwellschen Theorie in äußeren Differentialformen, vgl. F. W. Hehl, J. Lemke und E. W. Mielke [45].

```
hmax2   := # farad2;                % Material-Beziehung, hier:
                                    %   Vakuum
maxinh3 := d hmax2;                 % linke Seite der inhomogenen
                                    %   Maxwellschen Gleichung
pform lmax4=4, maxenergy3(a)=3$ % Lagrangedichte und Energie

lmax4           := -(1/2) * farad2 ^ hmax2;
maxenergy3(-a) := e(-a) _| lmax4 + (e(-a)_|farad2) ^ hmax2;
```

Die bemerkenswerte Leichtigkeit, mit der wir Excalc–Programme schreiben können, zeigt sich deutlich bei diesem Beispiel. Wir haben hier die metrik-freie Darstellung der Maxwellschen Theorie (von Kottler–Cartan–van Dantzig) benutzt. Sie gilt in dieser Form auf jeder 4–dimensionalen differenzierbaren Mannigfaltigkeit, insbesondere, falls `COFRAME` verallgemeinert wird, in der Riemannschen Raumzeit der Allgemeinen Relativitätstheorie. Lediglich in die "Materialbeziehung„ $H = {}^*F$ geht im Hodge–Stern $*$ (in Excalc `#`) die Metrik ein.

Beispiel 2: Schließlich wollen wir ein Excalc Spiel–Programm angeben, das die Richtigkeit der elektrisch geladenen Schwarzschild–Lösung (Reissner–Nordström–Lösung, vgl. [69]) mit kosmologischer Konstante in der Allgemeinen Relativitätstheorie prüft. Wir führen an jedem Punkt der Raumzeit–Mannigfaltigkeit eine Vektorbasis, das Frame `E(-A)`, und die duale 1–Form–Basis, das Coframe `O(A)`, ein. Dann haben wir in Schwarzschild–Koordinaten (m = Masse, q = elektrische Ladung, λ = kosmologische Konstante, k = Maßsystemsfaktor):

```
load excalc$
pform psi=0$ fdomain psi=psi(r)$
coframe o(t)     = psi *              d t,
        o(r)     = (1/psi) *          d r,
        o(theta) = r *                d theta,
        o(phi)   = r * sin(theta) * d phi
   with signature (1,-1,-1,-1)$

displayframe;                % zeigt das Coframe o(a) der 1-Formen
frame e$                     % das duale Vektor-Frame heisst e(b)

psi := sqrt(1-2*m/r+k*(q/r)**2+(lam/3)*r**2);
                             % Reissner-Nordstroem-Funktion
pform christ1(a,b)=1, curv2(a,b)=2$
antisymmetric christ1, curv2$

christ1(-a,-b):=-(1/2)*( e(-a)_|(e(-c)_|(d o(-b)))
                         -e(-b)_|(e(-a)_|(d o(-c)))
                         +e(-c)_|(e(-b)_|(d o(-a))) )*o(c);

curv2(-a,b) := d christ1(-a,b) + christ1(-c,b) ^ christ1(-a,c)$
on gcd;
curv2(a,b) := curv2(a,b);
```

```
pform einstein3(a)=3$
einstein3(-a):=(1/2)*curv2(b,c)^#(o(-b)^o(-c)^o(-a));
end;
```

Dabei ist die Einstein–3–Form entsprechend $E_\alpha := 1/2\ R^{\beta\gamma} \wedge^* (\vartheta_\alpha \wedge \vartheta_\beta \wedge \vartheta_\gamma)$ definiert, siehe [22]. Sie verschwindet natürlich nicht, da wir den Einstein–Maxwell–Fall mit kosmologischer Konstante studieren. Nun ist aber noch die Gültigkeit der Maxwellschen Gleichungen zu prüfen (abgesehen von der Stelle am singulären Ursprung). Dazu lesen wir die oben angegebene Maxwell-Datei, die mit `PFORM FARAD2=2` beginnt, ein. Die Maxwell–Gleichungen sind erfüllt, zusätzlich führt die interaktive Eingabe von

```
pform kos3(a)=3$

kos3(a) := einstein3(a)-maxenergy3(a);
k       := -1/2$
kos3(a) := kos3(a);
```

zum kosmologischen Term der Einsteinschen Feldgleichung, d.h. die Einstein–Maxwell–Gleichungen sind erfüllt. —

In Excalc wird aus der `COFRAME`–Anweisung die Konnexions–(Zusammenhangs–) 1–Form automatisch errechnet, sobald man etwa den Befehl

```
riemannconx chr1$
```

absetzt. Keine Deklaration ist notwendig. `CHR1` stellt bereits eine 1–Form dar und kann mit

```
chr1(a,b):=chr1(a,b);
```

abgerufen werden. Da sich unsere Konventionen etwas von denen Schrüfers (und übrigens auch von denen in [69]) unterscheiden, errechneten wir oben die Konnexion selbst.

Die Variationsableitung `vardf` bezüglich skalarwertiger Formen existiert bereits in Excalc. Jedoch ist sie noch nicht bezüglich indizierter Formen erweitert, etwa bezüglich `O(A)`, so daß sie nur eingeschränkt nützlich ist.

7.5 Grafikausgabe mit GNUPLOT

In verschiedenen Compter–Algebra–Systemen, wie z.B. in Maple oder Mathematica, gibt es die Möglichkeit, direkt im CA–System berechnete Ausdrücke oder Formeln graphisch auszugeben. Das ist z.B. dann sehr sinnvoll, wenn man „mal eben“ feststellen will, wie der qualitative Verlauf einer Funktion aussieht oder ob sie Nullstellen besitzt. Reduce besitzt keine derartigen eingebauten Graphikfunktionen. Jedoch ist es unter bestimmten Umständen möglich, das für Reduce 3.4 geschriebene Gnuplot–Interface [23] zu benutzen. Dahinter verbirgt sich ein

Zusatzpaket, welches aus Reduce heraus das auf Unix– und MS–DOS–Rechnern wohlbekannte Public Domain Plotpaket Gnuplot startet und die auszuführenden Plotaufrufe an Gnuplot übergibt. Voraussetzung zum Starten dieses Pakets ist allerdings, daß das zugrunde liegende Lisp Betriebsystemaufrufe absetzen kann, in diesem Fall zum Starten von Gnuplot. Leider ist dies nicht bei jedem Rechner–, Lisp– oder Betriebssystemtyp möglich, so daß wir uns hier hauptsächlich auf Unix– bzw. MS–DOS–Systeme beschränken wollen.

Gnuplot ist ein Befehls-gesteuertes interaktives Plotprogramm, welches die Darstellung von Skalarfeldern in ein oder zwei Dimensionen erlaubt, die über Funktionen oder Datenfelder spezifiziert werden. Nach Start des Programms können über Befehle Plotanweisungen abgesetzt werden, die zur sofortigen Darstellung der Funktionen bzw. Datenfelder führen. Mit zusätzlichen Befehlen kann dabei Einfluß auf das Aussehen des Graphen genommen werden. So sind etwa Koordinatensystem, Achsenbeschriftung, Achseneinteilung, Lage der Achsen, Titel, zusätzliches Gitter oder Größe des Bildes wählbar. Näher soll hier nicht auf Gnuplot eingegangen werden, eine detaillierte Beschreibung von Gnuplot finden Sie im Handbuch [75], das mit den Quellen zu Gnuplot ausgeliefert wird.

Bevor Sie Reduce starten, sollten Sie zunächst sicher sein, daß Sie an einem von Gnuplot unterstützten Graphikterminal sitzen. Im Zweifel kann man zunächst auf Betriebssystemebene Gnuplot mit dem Befehl `gnuplot` (Kleinschreibung wichtig!) starten und mit dem Gnuplot–Befehl `set terminal` feststellen, ob das eigene Terminal dabei ist und wie der Gnuplot–Name für den Terminaltyp lautet. Der Name des Terminaltyps muß Gnuplot vor der Graphikausgabe mitgeteilt werden, da es sonst zu unerwünschten Effekten kommen kann.

Um nun aus Reduce heraus Gnuplot benutzen zu können, muß zunächst mit Hilfe der Eingabe

```
load_package gnuplot$
```

das Gnuplot–Interface geladen werden; sollten Sie eine Fehlermeldung bekommen, wenden Sie sich bitte an Ihren Systembetreuer. Danach sollte unbedingt die Variable `PLOTHEADER` zur Spezifikation des Terminaltyps gesetzt werden, z.B.:

```
plotheader := "set terminal tek40xx"$
```

Dieser Terminaltyp wäre für ein Tektronix–Terminal älteren Ursprungs sowie für die meisten Tektronix–Terminalemulatoren anzugeben, für farbfähige X–Window–Terminals hingegen gäbe man `X11` (großes X) an. Alle Angaben in der Variable `PLOTHEADER` werden vor der Graphikausgabe von Gnuplot berücksichtigt. Einstellungen, die über `PLOTHEADER` vorgenommen wurden, bleiben solange erhalten, bis sie durch nachfolgende Änderungen zurückgenommen werden.

Die graphische Ausgabe von Funktionen geschieht mit Hilfe des Reduce–Befehls

`plot(`*Funktionen,Bereiche,Optionen*`)`

Beispiel:

```
plot(sin(1/x))$                                    % --> Abb. 7.2
```

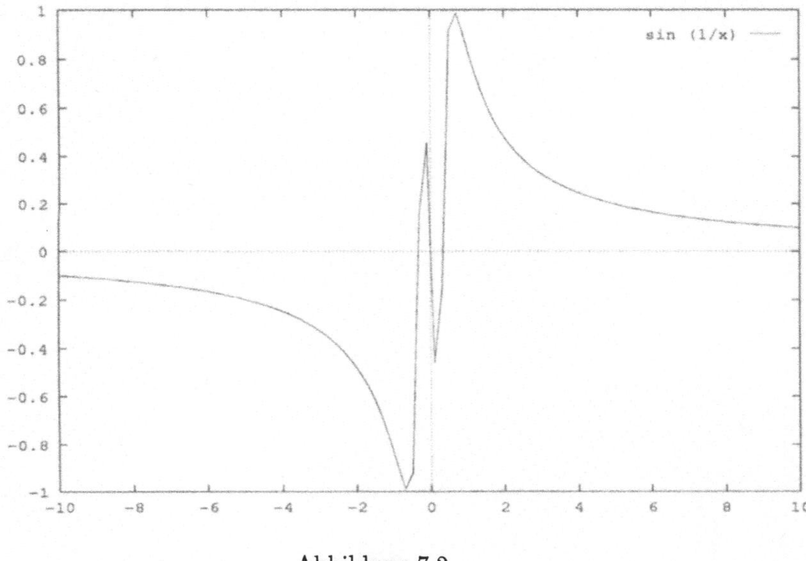

Abbildung 7.2

Man erhält nach einiger Zeit die graphische Ausgabe der Funktion $\sin(1/x)$.

Bei manchen Terminals geht das Terminal in einen sogenannten Graphikmodus über, den es nicht selbsständig wieder verläßt. In einem solchen Fall sollte man die Umschaltung per Hand durchführen. Bei X–Window–Terminals erhält man für die Graphikausgabe ein eigenes Fenster.

Bei Unix–artigen Betriebssystemen läuft Gnuplot parallel zu Reduce als eigenständiger Prozeß. Will man keine Graphikausgabe mehr vornehmen, kann man durch Eingabe von

```
plotreset()$
```

Gnuplot beenden.

Gnuplot benutzt beim obigen Beispiel einen Definitionsbereich von [-10,10]. Wie man sieht, werden Singularitäten ausgeblendet, sie führen nicht zum Absturz des Systems. Will man den Definitionsbereich ändern, kann man einen solchen übergeben.

```
plot(sin(1/x),x=(0.1 .. 5.0))$                    % --> Abb. 7.3
```

d.h., die Funktion soll nur noch im Intervall [0.1,5.0] dargestellt werden.

Zu beachten ist, daß bei einfachen Funtionenplots zur Zeit nur `X` als Name für die unabhängige Variable verwendet werden kann. Will man etwa die x–Achse logarithmisch verzerren, so muß man den Gnuplot–Befehl `set logscale x` mit in die Variable `PLOTHEADER` aufnehmen, wobei zu beachten ist, daß in Gnuplot wie in Reduce einzelne Befehle durch ; abgetrennt werden:

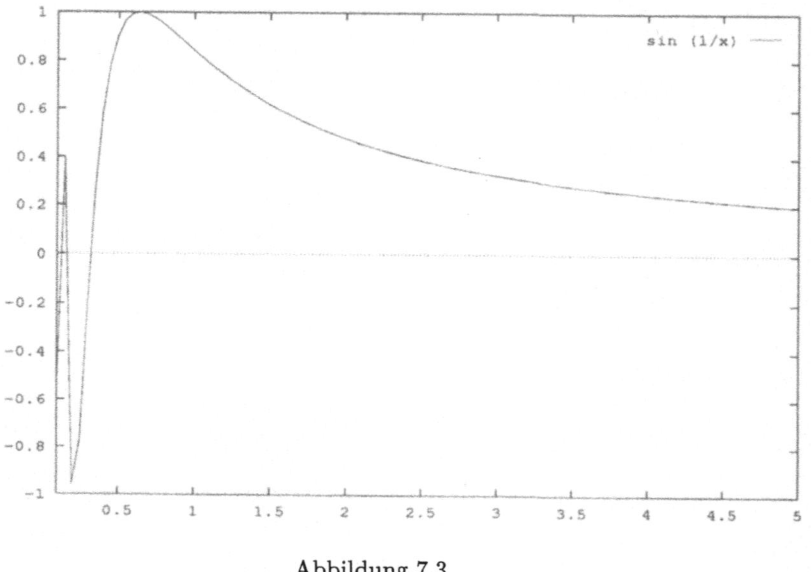

Abbildung 7.3

```
plotheader := "set logscale x"$
plot(sin(1/x),x=(0.01 .. 5.0))$                    % --> Abb. 7.4
```

Die logarithmische Achseneinteilung bleibt solange erhalten, bis bei einem PLOT–Aufruf explizit die Option `nologscale` angegeben wird oder in der Variablen PLOTHEADER die Angabe `set nologscale` erscheint. Wenn man wie beim diesem Beispiel feststellt, daß die Funktion im angegebenen Intervall nicht genügend dicht abgetastet wird, kann man durch die Option `samples=nn` die Zahl der Stützstellen (normalerweise 100) verändern, im folgenden Beispiel also etwa auf 400 setzen:

```
plot(sin(1/x),x=(0.01 .. 5.0),samples=400)$        % --> Abb. 7.5
```

Entsprechend mehr Zeit benötigt natürlich die Darstellung der Funktion. Für alle nachfolgenden PLOT–Aufrufe wird der Wert `samples=400` angenommen.

Wie schon oben bemerkt, kann man mit GNUPLOT auch Funktionen der Form $z = f(x, y)$ darstellen, wobei zu beachten ist, daß man zur Zeit als Namen für die unabhängigen Variablen nur X und Y verwenden kann:

```
plotheader := "set nologscale; set samples 100";
plot(cos x * cos y, x=(-pi .. pi), y=(-pi .. pi));% --> Abb. 7.6
```

Bei Funktionen des Typs $z = f(x, y)$ kann man sich auch die Isohöhenlinien als Projektion auf die x–y–Ebene mit ausgeben lassen, wenn man die Option `contour` beim Aufruf von PLOT verwendet:

```
plot(cos x * cos y,x=(-pi .. pi),y=(-pi .. pi),contour);
                                                   % --> Abb. 7.7
```

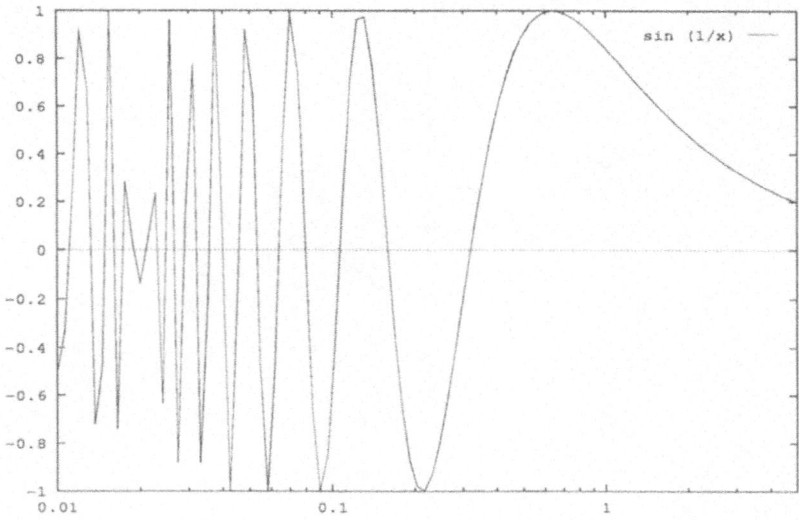

Abbildung 7.4

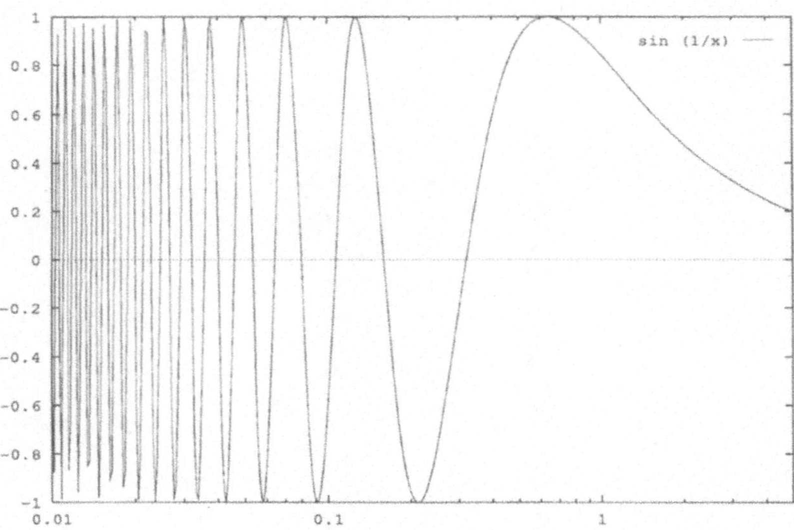

Abbildung 7.5

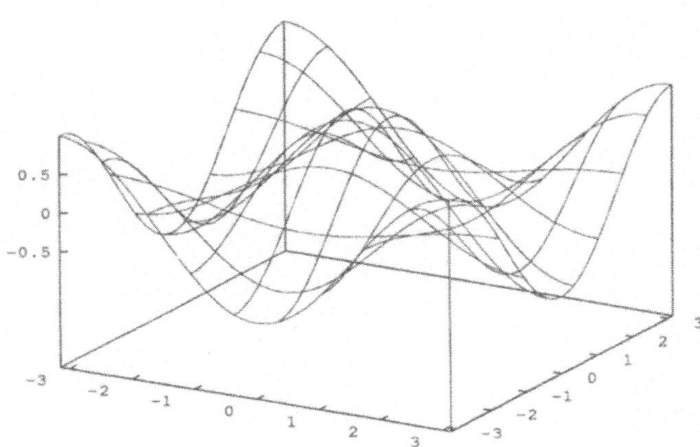

Abbildung 7.6

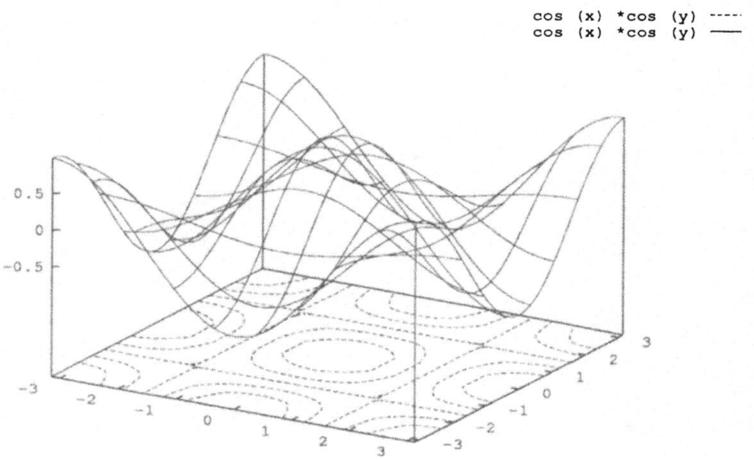

Abbildung 7.7

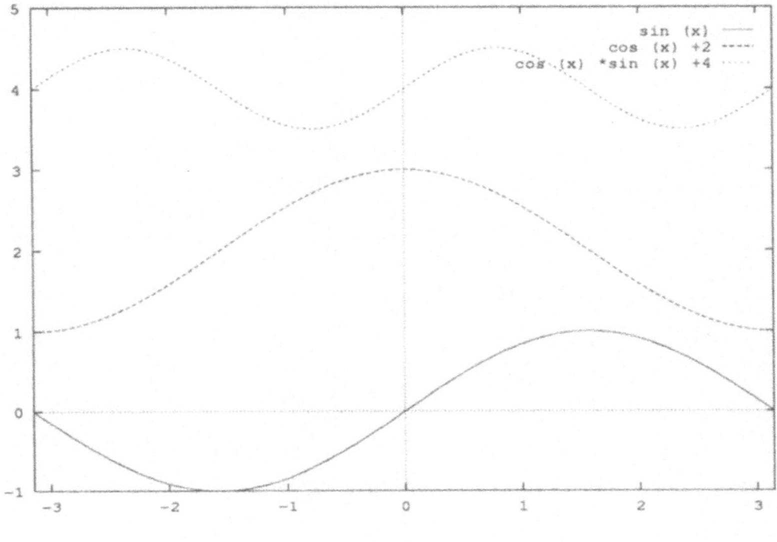

Abbildung 7.8

Die Konturlinien werden auch bei nachfolgenden Plots solange ausgegeben, bis entweder ein `PLOT`–Aufruf mit `nocontour` erfolgt, oder in der Variablen `PLOTHEADER` die Angabe `set nocontour` erscheint.

Weitere erlaubte Optionen finden Sie in der Beschreibung zum Gnuplot–Interface für Reduce [23] oder dem Gnuplot Handbuch [75]. Die Werte einzelner Optionen kann man bei einem `PLOT`–Aufruf erhalten, indem man in der Variablen `PLOTHEADER` den Gnuplot–Befehl `SHOW` *Option* einträgt. Der Terminaltyp wird beispielsweise durch `show terminal` abgefragt.

Manchmal ist es notwendig, mehrere Funktionen in einer Darstellung zu betrachten. Dies kann mit dem Operator `FAMILY` geschehen, der mehrere Funktionen zusammenfaßt:

```
plot(family(sin(x), 2+cos(x), 4+sin(x)*cos(x)),x=(-pi .. pi));
                                                      % --> Abb. 7.8
plot(family(sin(x)*sin(y), 5+cos(x)*cos(y)),
            x=(-pi .. pi), y=(-pi .. pi));            % --> Abb. 7.9
```

Einige Bemerkungen:

Wie wir gesehen haben, ist es auf einfache Weise möglich, sich Reduce–Ergebnisse graphisch darstellen zu lassen. Leider birgt die Kopplung von Reduce und Gnuplot einige Nachteile, die hier erwähnt seien. Aufgrund der Konstruktion kann die Verbindung zwischen Gnuplot und Reduce abbrechen, wenn bei der Eingabe Fehler gemacht werden, z. B. wenn ein falscher Wertebereich angegeben wird. In diesem und anderen Fällen, wird es ab und zu notwendig sein, mit dem Befehl `PLOTRESET` Gnuplot neu zu starten. Weiterhin besitzt Gnuplot einen beschränkten Eingabepuffer, der nur einige hundert Zeichen umfaßt, so daß Funktionen mit

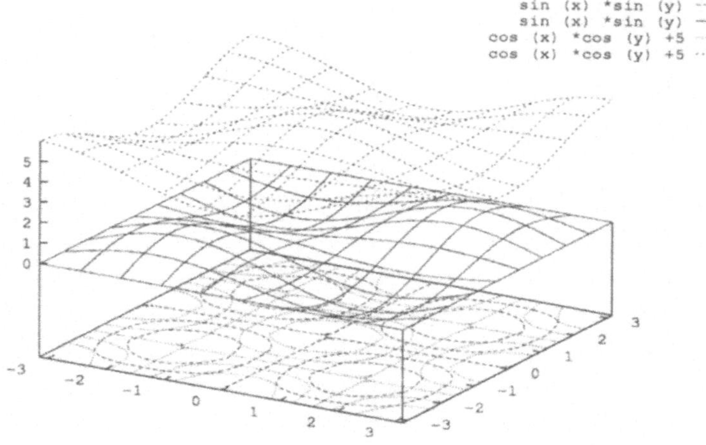

Abbildung 7.9

zu vielen Termen nicht ausgegeben werden können. Das mag sich mit neueren Gnuplot–Versionen ändern.

7.6 Hausaufgaben

1. Eine Ebene wird durch die Vektoren $\boldsymbol{a} = (4, 0, 1)$ und $\boldsymbol{b} = (3, 1, 0)$ aufgespannt. Zerlegen Sie den Vektor $\boldsymbol{v} = (2, -4, -3)$ in zwei Vektoren $\boldsymbol{p}$ und $\boldsymbol{s}$ derart, daß $\boldsymbol{p}$ parallel und $\boldsymbol{s}$ senkrecht zur Ebene steht.
2. Sei

$$\boldsymbol{f}(t) = (1 + t^3,\, 2t - t^2,\, t)\,, \quad \boldsymbol{g}(t) = (1 + t^2,\, t^3,\, 0)\,, \quad h(t) = 2t - 1\,.$$

Berechne

$$h(2)\Big(\boldsymbol{f}(1) + \boldsymbol{g}(-1)\Big)\,,$$

$$|\boldsymbol{g}(2)|\,,$$

$$\boldsymbol{f}(a) \cdot \boldsymbol{g}(b)\,,$$

$$\boldsymbol{f}(t) \times \boldsymbol{g}(t)\,,$$

$$\boldsymbol{g}(2a - b)\,,$$

$$\boldsymbol{f}(t_0 + \Delta t) - \boldsymbol{f}(t_0)\,,$$

$$\boldsymbol{f}(h(t))\,.$$

3. Berechnen Sie die Länge der durch folgende Parameterdarstellung definierten Kurve
$$\boldsymbol{a} = \boldsymbol{a}(t) = \Big(3\cosh(2t),\, 3\sinh(2t),\, 6t\Big)$$
für $0 \le t \le \pi$. (Hinweis: $s = \int_0^\pi \left|\frac{d\boldsymbol{a}}{dt}\right| dt$. Zudem müssen Sie eine Regel für die Vereinfachung von Ausdrücken mit `SINH` und `COSH` definieren; beachten Sie dabei die Anmerkungen zu Regel–Ausdrücken mit + in Abschnitt 4.8!)

4. Im Rahmen der Speziellen Relativitätstheorie kann man das i.a. nicht–inertiale Bezugssystem e_α eines lokalen Beobachters einführen. Dieses System ist durch drei räumliche kartesische Koordinatenachsen und durch eine im Ursprung ruhende Uhr aufgespannt. In ihm kann man seine (3er–) Beschleunigung $\boldsymbol{a}$ und seine (3er–) Winkelgeschwindigkeit $\boldsymbol{\omega}$ messen. Die Vektor–Basis dieses Systems ergibt sich als
$$e_0 = \frac{1}{1 + \boldsymbol{a}\cdot\boldsymbol{x}/c^2}\left[\partial_0 - (\frac{\boldsymbol{\omega}}{c} \times \boldsymbol{x})^b\, \partial_b\right], \qquad e_a = \partial_a\,.$$
Dieses Resultat ist exakt, vgl. [45].
Bestimmen Sie die 1–Form–Basis und die Zusammenhangskomponenten bezüglich dieser Basis. Beweisen Sie, daß der Zusammenhang (und damit die Raumzeit) verschwindende Krümmung besitzt. Für eine mögliche Anwendung vergleiche man F. W. Hehl und W.–T. Ni, Physical Review **D42** (1990) 2045.

5. Für Spezialisten in Allgemeiner Relativitätstheorie: Nach Ozsváth sind alle homogenen Lösungen der Einsteinschen Vakuum-Feldgleichung mit kosmologischem Term durch folgende Linienelemente gegeben (f ist ein beliebiger Parameter):
$$ds^2 = -dt^2 + e^{2\sqrt{\lambda/3}\,t}\,(dx^2 + dy^2 + dz^2) \qquad \text{(de Sitter)}$$
$$ds^2 = dx^2 + e^{2\sqrt{-\lambda/3}\,x}\,(-dt^2 + dy^2 + dz^2) \qquad \text{(anti–de Sitter)}$$
$$ds^2 = -e^{2\sqrt{-\lambda}\,x}\,dt^2 + dx^2 + e^{2\sqrt{-\lambda}\,z}\,dy^2 + dz^2 \qquad \text{(Bertotti)}$$
$$ds^2 = dx^2 + e^{2\sqrt{-\lambda/3}\,x}\,(dy^2 + 2\,du\,dv) + f\,e^{-\sqrt{-\lambda}\,x}\,dv^2 \qquad \text{(Cahen–Ozsváth)}$$
$$\begin{aligned} ds^2 = {} & dx^2 + e^{2\sqrt{-\lambda/3}\,x}\,(dy^2 + 2\,du\,dv) \\ & + f\,e^{-\sqrt{-\lambda/3}\,x}\,\Big(-2\sqrt{2}\,dy + f\,e^{-3\sqrt{-\lambda/3}\,x}\,dv\Big)\,dv \end{aligned} \qquad \text{(Ozsváth)}$$
Prüfen Sie, ob diese Gleichungen wirklich die Einsteinsche Vakuum–Feldgleichung mit kosmologischer Konstante erfüllen. Berechnen Sie die jeweiligen Krümmungstensoren und bestimmen Sie den Typ des Weyltensors; vgl. I. Ozsváth: „All homogeneous solutions of Einstein's vacuum field equations with a non vanishing cosmological term". In *Gravitation and Geometry,* W. Rindler and A. Trautman (eds.) (Bibliopolis, Napoli 1987) pp. 309–340.

6. Beweisen Sie, daß die Kerr–Newman–NUT–deSitter–Metrik eine Lösung der Einsteinschen Gleichung mit kosmologischer Konstante ist; siehe D. Kramer, H. Stephani, E. Herlt and M. MacCallum. Exact Solutions of Einstein's Field Equations (Deutscher Verlag der Wissenschaften, Berlin 1980).

7. Für eine kugelsymmetrische und stationäre Raumzeit in der Allgemeinen Relativitätstheorie mit den Koordinaten t = Zeit und r, θ, ϕ = räumliche

Kugelkoordinaten, haben wir die folgenden vier Killing–Vektoren:

$$
\begin{aligned}
{}_{(0)}\xi &= e_t\,, \\
{}_{(1)}\xi &= \sin\phi\, e_\theta + \cot\theta\cos\phi\, e_\phi\,, \\
{}_{(2)}\xi &= -\cos\phi\, e_\theta + \cot\theta\sin\phi\, e_\phi\,, \\
{}_{(3)}\xi &= e_\phi\,.
\end{aligned}
$$

Es sei F die 2–Form des elektromagnetischen Feldes einer Punkt–Ladung. Beweisen Sie, daß die Lie–Ableitungen von F bezüglich der Killing–Vektoren verschwinden: $\mathcal{L}_{{}_{(i)}\xi}F = 0$ für $i = 0, 1, 2, 3$.

8. Das Potential eines elektrischen Dipols ist in einem kartesischen Koordinatensystem durch

$$\Phi(x,y,z) = \frac{q}{4\pi\epsilon_0\sqrt{x^2+y^2+(z+d)^2}} - \frac{q}{4\pi\epsilon_0\sqrt{x^2+y^2+(z-d)^2}}$$

gegeben, falls die beiden Ladungen $-q$ und $+q$ auf der z–Achse bei $+d$ bzw. bei $-d$ liegen. Stellen Sie das Potential des Dipols für verschiedene Werte von y graphisch dar. Wie verändert sich das Potential, wenn Sie eine der beiden Ladungen vergrößern?

9. Eine kreisrunde Wiese soll von einer Ziege, angebunden an einen Pflock auf dem Rand der Wiese, genau zur Hälfte abgefressen werden. Da die Ziege sich nicht so genau mit Flächeninhalten auskennt und den Teil der Wiese frißt, den sie erreichen kann, müssen Sie die Länge der Leine bestimmen. Als Ergebnis sollten Sie eine Gleichung für die Leine in Abhängigkeit des Wiesendurchmessers erhalten, die nur noch numerisch gelöst werden kann. Versuchen Sie, die Lösung mit Hilfe des Gnuplot-Interfaces graphisch zu ermitteln.

Anhang A

Einige zusätzliche Übungsaufgaben

1. In der Fernsehsendung „Kopf um Kopf“ des WDR wurde folgende Aufgabe gestellt:

$$\begin{array}{rrrr} & \square & \square \times & \square \\ \hline & \square & \square & \\ + & \square & \square & \\ \hline & \square & \square & \end{array}$$

   In jedem Kästchen soll eine Ziffer stehen, dabei sollen {1,2,3,4,5,6,7,8,9} jeweils nur einmal vorkommen. Lösen sie das Problem mit einigen FOR-Schleifen. Existiert eine Lösung? Ist sie eindeutig?

2. Auf vielen Artikeln des täglichen Gebrauchs bzw. auf deren Verpackung findet sich die Europäische Artikelnummer EAN in Form des binären Balkencodes und der entsprechenden 13–stelligen Dezimalzahl. So haben wir beispielsweise bei Disketten den Code:

Land		Betriebsnr.					Artikelnr. des Herstellers					Pruef-ziffer
4	0	0	1	4	8	2	0	5	6	8	0	2
u	g	u	g	u	g	u	g	u	g	u	g	

Abbildung A.1 Die ersten zwei Ziffern 40 kennzeichnen das Land, danach kommen fünf Ziffern 01482 mit der bundeseinheitlichen Betriebsnummer BBN, sodann fünf Ziffern 05680 mit der Artikelnummer des Herstellers und schließlich die 2 als Prüfziffer.

Schreiben Sie eine kleine Prozedur, mit der Sie aus den ersten zwölf Ziffern die Prüfziffer errechnen können. Die Regel ist wie folgt: Die 13-stellige Zahl besteht aus Ziffern, die auf geraden (g) und ungeraden (u) Positionen stehen. Addiere zur Summe der auf ungerader Position stehenden Ziffern unter Auslassung der Prüfziffer das dreifache der Summe der auf gerader Position stehenden Ziffern und ergänze zur nächsthöheren Zehnerzahl. Diese Ergänzung stellt die Prüfziffer dar. Vergleichen Sie das Time-Life-Buch „Computerisierte Gesellschaft" [71].

Bemerkung: Bei Büchern sind die ersten drei Ziffern immer 978. Es gibt dann entsprechend keinen Ländercode.

3. Ein Gleichungssystem aus der französischen Schülerzeitschrift „Sphinx" von 1932 :

   Gleiche Buchstaben bedeuten gleiche Ziffern. Je eines der vier Zeichen $+$, $-$, $\times$, $/$ ist an Stelle der Sterne zu setzen, wobei jedes Zeichen nur einmal vorkommt.

$$
\begin{array}{ccccccccc}
 & a & a & b & \star & c & = & a\;d\;d\;e, \\
 & c & c & c & \star & f & = & f\;f\;f, \\
a & d & d & e & \star & c & = & c\;c\;c, \\
 & f & f & f & \star & g & = & f\;h\;d.
\end{array}
$$

4. Einige Zahlenspielereien, die aus verschiedenen Newsletters der Irischen Mathematischen Gesellschaft stammen:
   a) Finden Sie c, wenn a, b und c positive, ganze Zahlen sind, welche $c = (a+bi)^3 - 107i$ und $i^2 = -1$ befriedigen.
   b) Angenommen a, b, c und d seien positive, ganze Zahlen, so daß $a^5 = b^4$, $c^3 = d^2$ und $c - a = 19$. Bestimmen Sie $d - b$.
   c) Wie viele Stellen hat die Periode von $(0.\overline{001})^2$?
   d) Betrachten sie die Ziffernfolge 198423768... , welche man nach der folgenden Regel erhält: Nach 1984 ergibt sich jede weitere Stelle als die letzte Ziffer der Summe über die letzten vier Stellen. Taucht die Startsequenz 1984 noch einmal in der Folge auf, und wenn ja, wo? Was ist mit 1985?
5. Die Bernoullischen Polynome sind definiert durch:
$$\frac{e^{xt}}{e^t - 1} = \sum_{n=1}^{\infty} B_n(x) \frac{t^{n-1}}{n!} .$$
   mit $0 < |t| < 2\pi$
   a) Beweisen Sie für $n = 1, 2, 3, 4, 5$:
$$B_n(x+1) - B_n(x) = nx^{n-1} .$$
   b) Wenn $B_n := B_n(0)$ die Bernoullischen Zahlen sind, zeigen Sie für $x^2 < \pi^2$:
$$x \coth x = 1 + \sum_{s=1}^{\infty} \frac{2^{2s} B_{2s}}{(2s)!} x^{2s} .$$
6. Finden Sie eine einfache Form von $df(x)/dx$ für die folgende Funktionen $f(x)$:
$$\sec(\cos x), \qquad \log \frac{\sqrt{1+x}}{(1-x)^{2/3}}, \qquad \sin(abs\, x) .$$
   (Erinnern Sie sich daran, daß $\sec x = 1/\cos x$ und, daß $abs\, x$ den absoluten Wert von x bezeichnet.)
7. Finden sie den Koeffizienten von x^3 in der Taylor–Reihe von $f(x) = e^{x+x^2}$.
8. Wieviele Ziffern hat das 100. Glied der Folge 1, 1, 6, 12, 29, 59..., d.h.
$$x_1 = x_2 = 1 , \quad x_n = x_{n-1} + 2x_{n-2} + n , \quad n \geq 3 ,$$
   siehe V.I. Arnol'd: Gewöhnliche Differentialgleichungen. (Springer, Berlin/Heidelberg 1980) S. 268.
9. Versuchen Sie, die modulare Gleichung zweiter Ordnung zu lösen:
$$f(x) = \frac{2\sqrt{f(x^2)}}{1 + f(x^2)} .$$
   Siehe Scientific American, Februar 1988, Seite 68. Wir haben noch nicht nach einer Lösung gesucht; vielleicht sind Sie erfolgreich. Wenn Sie eine Lösung finden, teilen Sie es uns bitte mit (möglicherweise über Internet → *hehl@thp.uni-koeln.de*).
10. Entwickeln Sie näherungsweise π. Weiteres siehe Scientific American, Februar 1988, S. 66–73.

11. Gegeben seien die vierundzwanzig λ-Matrizen der in der Groß–Vereinheitlichten Quantenfeldtheorie („grand unified theory GUT“) auftretenden Lie–Gruppe $SU(5) = SU_C(3) \times SU_L(2) \times U(1)$: $\lambda_1, \lambda_2, \ldots \lambda_{24}$. Die ersten acht Matrizen davon entsprechen den oben eingeführten Gell–Mann–Matrizen der Farb-Gruppe $SU_C(3)$:

$$\lambda_1 = \begin{pmatrix} 0 & 1 & 0 & 0 & 0 \\ 1 & 0 & 0 & 0 & 0 \\ 0 & 0 & 0 & 0 & 0 \\ 0 & 0 & 0 & 0 & 0 \\ 0 & 0 & 0 & 0 & 0 \end{pmatrix} \qquad \lambda_2 = \begin{pmatrix} 0 & -i & 0 & 0 & 0 \\ i & 0 & 0 & 0 & 0 \\ 0 & 0 & 0 & 0 & 0 \\ 0 & 0 & 0 & 0 & 0 \\ 0 & 0 & 0 & 0 & 0 \end{pmatrix} \qquad \lambda_3 = \begin{pmatrix} 1 & 0 & 0 & 0 & 0 \\ 0 & -1 & 0 & 0 & 0 \\ 0 & 0 & 0 & 0 & 0 \\ 0 & 0 & 0 & 0 & 0 \\ 0 & 0 & 0 & 0 & 0 \end{pmatrix}$$

$$\lambda_4 = \begin{pmatrix} 0 & 0 & 1 & 0 & 0 \\ 0 & 0 & 0 & 0 & 0 \\ 1 & 0 & 0 & 0 & 0 \\ 0 & 0 & 0 & 0 & 0 \\ 0 & 0 & 0 & 0 & 0 \end{pmatrix} \qquad \lambda_5 = \begin{pmatrix} 0 & 0 & -i & 0 & 0 \\ 0 & 0 & 0 & 0 & 0 \\ i & 0 & 0 & 0 & 0 \\ 0 & 0 & 0 & 0 & 0 \\ 0 & 0 & 0 & 0 & 0 \end{pmatrix} \qquad \lambda_6 = \begin{pmatrix} 0 & 0 & 0 & 0 & 0 \\ 0 & 0 & 1 & 0 & 0 \\ 0 & 1 & 0 & 0 & 0 \\ 0 & 0 & 0 & 0 & 0 \\ 0 & 0 & 0 & 0 & 0 \end{pmatrix}$$

$$\lambda_7 = \begin{pmatrix} 0 & 0 & 0 & 0 & 0 \\ 0 & 0 & -i & 0 & 0 \\ 0 & i & 0 & 0 & 0 \\ 0 & 0 & 0 & 0 & 0 \\ 0 & 0 & 0 & 0 & 0 \end{pmatrix} \qquad \lambda_8 = \frac{1}{\sqrt{3}} \begin{pmatrix} 1 & 0 & 0 & 0 & 0 \\ 0 & 1 & 0 & 0 & 0 \\ 0 & 0 & -2 & 0 & 0 \\ 0 & 0 & 0 & 0 & 0 \\ 0 & 0 & 0 & 0 & 0 \end{pmatrix} \qquad \lambda_9 = \begin{pmatrix} 0 & 0 & 0 & 1 & 0 \\ 0 & 0 & 0 & 0 & 0 \\ 0 & 0 & 0 & 0 & 0 \\ 1 & 0 & 0 & 0 & 0 \\ 0 & 0 & 0 & 0 & 0 \end{pmatrix}$$

$$\lambda_{10} = \begin{pmatrix} 0 & 0 & 0 & -i & 0 \\ 0 & 0 & 0 & 0 & 0 \\ 0 & 0 & 0 & 0 & 0 \\ i & 0 & 0 & 0 & 0 \\ 0 & 0 & 0 & 0 & 0 \end{pmatrix} \qquad \lambda_{11} = \begin{pmatrix} 0 & 0 & 0 & 0 & 0 \\ 0 & 0 & 0 & 1 & 0 \\ 0 & 0 & 0 & 0 & 0 \\ 0 & 1 & 0 & 0 & 0 \\ 0 & 0 & 0 & 0 & 0 \end{pmatrix} \qquad \lambda_{12} = \begin{pmatrix} 0 & 0 & 0 & 0 & 0 \\ 0 & 0 & 0 & -i & 0 \\ 0 & 0 & 0 & 0 & 0 \\ 0 & i & 0 & 0 & 0 \\ 0 & 0 & 0 & 0 & 0 \end{pmatrix}$$

$$\lambda_{13} = \begin{pmatrix} 0 & 0 & 0 & 0 & 0 \\ 0 & 0 & 0 & 0 & 0 \\ 0 & 0 & 0 & 1 & 0 \\ 0 & 0 & 1 & 0 & 0 \\ 0 & 0 & 0 & 0 & 0 \end{pmatrix} \qquad \lambda_{14} = \begin{pmatrix} 0 & 0 & 0 & 0 & 0 \\ 0 & 0 & 0 & 0 & 0 \\ 0 & 0 & 0 & -i & 0 \\ 0 & 0 & i & 0 & 0 \\ 0 & 0 & 0 & 0 & 0 \end{pmatrix} \qquad \lambda_{15} = \frac{1}{\sqrt{6}} \begin{pmatrix} 1 & 0 & 0 & 0 & 0 \\ 0 & 1 & 0 & 0 & 0 \\ 0 & 0 & 1 & 0 & 0 \\ 0 & 0 & 0 & -3 & 0 \\ 0 & 0 & 0 & 0 & 0 \end{pmatrix}$$

$$\lambda_{16} = \begin{pmatrix} 0 & 0 & 0 & 0 & 1 \\ 0 & 0 & 0 & 0 & 0 \\ 0 & 0 & 0 & 0 & 0 \\ 0 & 0 & 0 & 0 & 0 \\ 1 & 0 & 0 & 0 & 0 \end{pmatrix} \qquad \lambda_{17} = \begin{pmatrix} 0 & 0 & 0 & 0 & -i \\ 0 & 0 & 0 & 0 & 0 \\ 0 & 0 & 0 & 0 & 0 \\ 0 & 0 & 0 & 0 & 0 \\ i & 0 & 0 & 0 & 0 \end{pmatrix} \qquad \lambda_{18} = \begin{pmatrix} 0 & 0 & 0 & 0 & 0 \\ 0 & 0 & 0 & 0 & 1 \\ 0 & 0 & 0 & 0 & 0 \\ 0 & 0 & 0 & 0 & 0 \\ 0 & 1 & 0 & 0 & 0 \end{pmatrix}$$

$$\lambda_{19} = \begin{pmatrix} 0 & 0 & 0 & 0 & 0 \\ 0 & 0 & 0 & 0 & -i \\ 0 & 0 & 0 & 0 & 0 \\ 0 & 0 & 0 & 0 & 0 \\ 0 & i & 0 & 0 & 0 \end{pmatrix} \qquad \lambda_{20} = \begin{pmatrix} 0 & 0 & 0 & 0 & 0 \\ 0 & 0 & 0 & 0 & 0 \\ 0 & 0 & 0 & 0 & 1 \\ 0 & 0 & 0 & 0 & 0 \\ 0 & 0 & 1 & 0 & 0 \end{pmatrix} \qquad \lambda_{21} = \begin{pmatrix} 0 & 0 & 0 & 0 & 0 \\ 0 & 0 & 0 & 0 & 0 \\ 0 & 0 & 0 & 0 & -i \\ 0 & 0 & 0 & 0 & 0 \\ 0 & 0 & i & 0 & 0 \end{pmatrix}$$

$$\lambda_{22} = \begin{pmatrix} 0 & 0 & 0 & 0 & 0 \\ 0 & 0 & 0 & 0 & 0 \\ 0 & 0 & 0 & 0 & 0 \\ 0 & 0 & 0 & 0 & 1 \\ 0 & 0 & 0 & 1 & 0 \end{pmatrix} \qquad \lambda_{23} = \begin{pmatrix} 0 & 0 & 0 & 0 & 0 \\ 0 & 0 & 0 & 0 & 0 \\ 0 & 0 & 0 & 0 & 0 \\ 0 & 0 & 0 & 0 & -i \\ 0 & 0 & 0 & i & 0 \end{pmatrix} \qquad \lambda_{24} = \frac{1}{\sqrt{10}} \begin{pmatrix} 1 & 0 & 0 & 0 & 0 \\ 0 & 1 & 0 & 0 & 0 \\ 0 & 0 & 1 & 0 & 0 \\ 0 & 0 & 0 & 1 & 0 \\ 0 & 0 & 0 & 0 & -4 \end{pmatrix}$$

Sie erfüllen die Beziehungen (a, b, $c = 1, 2, \ldots 24$):

$$tr(\lambda_a) = 0\,, \quad tr(\lambda_a \lambda_b) = 2\delta_{ab}\,, \quad [\lambda_a, \lambda_b] = 2i f_{abc} \lambda_c\,.$$

Überprüfen Sie diese Beziehungen und berechnen Sie die Strukturkonstanten f_{abc}. Vergleichen Sie die Seiten 283/284 und den Anhang D des Buches von

D. Bailin and A. Love: Introduction to Gauge Field Theory (Adam Hilger, Bristol 1986).

12. Sei x_0 eine beliebige natürliche Zahl, also $x_0 \in \mathbb{N}^+$. Daraus erhält man die Zahlenfolge $x_1, x_2, x_3, \ldots$ gemäß folgender Rekursionsformel ($n = 0, 1, 2, \ldots$):

$$x_{n+1} = \left\{ \begin{array}{c} x_n/2 \\ 3x_n + 1 \end{array} \right\} \text{ für } x_n \quad \left\{ \begin{array}{l} \text{gerade} \\ \text{ungerade} \end{array} \right. .$$

Die Erfahrung (sprich der Computer) zeigt, daß man nach endlich vielen Rekursionsschritten in die periodische Folge „...,4,2,1,4, 2,1,..." gerät. Überzeugen Sie sich mit Hilfe eines Reduce–Programms selbst davon. Vielleicht versuchen Sie mit Hilfe eines Zufallszahl–Generators (engl.: random number generator) mit den verschiedensten x_0's zu beginnen.

Es existiert bisher offenbar kein Beweis dafür, daß jeder beliebige Anfangswert $x_0 \in \mathbb{N}^+$ tatsächlich zu der obigen periodischen Folge führt. Andererseits ist trotz intensiven Suchens auch kein Gegenbeispiel bekannt. Versuchen Sie einen Zusammenhang zwischen dem Anfangswert x_0 und derjenigen Zahl $\nu(x_0) \in \mathbb{N}^+$ zu bestimmen, für welche die von x_0 generierte Folge zum ersten Mal den Wert 4 annimmt: $x_\nu = 4$. Zu diesem Problem gibt es unter der Rubrik „Computer Recreations" des Scientific American **250** (1984) in den Ausgaben vom Januar (p. 13) und April (p. 10) bereits zwei Artikel. [Wir danken Herrn Dr. Schimming (Greifswald), der uns auf diese Aufgabe hinwies.]

13. Wir suchen den größten gemeinsamen Teiler (engl. *g*reatest *c*ommon *d*ivisor gcd) von zwei Polynomen. Seien $P_1(x)$ und $P_2(x)$ Polynome vom Grade $n := \deg(P_1)$ und $m := \deg(P_2)$ mit $n > m$. Entwickelt man die rationale Funktion $R(x) := P_2/P_1$ nach Potenzen von $1/x$, $R(x) = d_0 + d_1 x^{-1} + d_2 x^{-2} + \ldots$, so kann man $R(x)$ eine bestimmte *Hankel-Matrix*

$$H_n = \begin{pmatrix} d_1 & d_2 & \ldots & d_n \\ d_2 & d_3 & \ldots & d_{n+1} \\ \vdots & \vdots & \ddots & \vdots \\ d_n & d_{n+1} & \ldots & d_{2n-1} \end{pmatrix}$$

zuordnen, wobei n der Grad von P_1 ist. Die Determinante dieser Matrix ist proportional zu der sogenannten *Resultanten* der beiden Polynome. Verschwindet diese Resultante, so besitzen die beiden Polynome einen nicht–trivialen gemeinsamen Teiler.

Schreiben Sie zunächst ein kleines Programm, welches für zwei Polynome P_1, P_2 die zugehörigen Koeffizienten $d_1, \ldots, d_{2n-1}$ berechnet. Stellen Sie die Hankel–Matrix auf, und berechnen Sie deren Determinante.

Im weiteren setzen wir voraus, daß die beiden Polynome einen gemeinsamen nicht–trivialen Teiler haben. Nun konstruieren wir die *fundamentale Vektorfolge* Ω. Dazu betrachten wir zunächst eine nicht–singuläre $(p \times p)$–Untermatrix U_p, $0 < p < n$, der Hankel–Matrix H_n und ermitteln den Vektor

$w^{(p)}$, der die Gleichungen

$$U_p\, w^{(p)} = \begin{pmatrix} d_1 & d_2 & \dots & d_p \\ d_2 & d_3 & \dots & d_{p+1} \\ \vdots & \vdots & \ddots & \vdots \\ d_p & d_{p+1} & \dots & d_{2p-1} \end{pmatrix} \begin{pmatrix} w_1^{(p)} \\ w_2^{(p)} \\ \vdots \\ w_p^{(p)} \end{pmatrix} = \begin{pmatrix} d_{p+1} \\ d_{p+2} \\ \vdots \\ d_{2p} \end{pmatrix}$$

erfüllt. Die fundamentale Vektorfolge ist dann die Menge aller $w^{(p)}$, $\Omega := \{w^{(n_1)}, ..., w^{(n_s)}\}$ ($n_1 < ... < n_s$ aus $\{1, ..., n-1\}$), wobei nur nicht–singuläre Untermatrizen einen Vektor $w^{(p)}$ beitragen. Man beginnt mit der (1×1)–Untermatrix $U_1 = (d_1)$, überprüft, ob diese singulär ist ($d_1 = 0$), und ermittelt gegebenenfalls den Vektor w^1. Dann berechnet man die (2×2)–Untermatrix

$$U_2 = \begin{pmatrix} d_1 & d_2 \\ d_2 & d_3 \end{pmatrix}$$

und schreitet so fort bis zu $n-1$, da $det H_n = 0$.
Aus dieser Folge von Vektoren kann man die *polynomiale Hankel–Folge* $\{\mathcal{P}_{n_1}, ..., \mathcal{P}_{n_s}\}$ konstruieren mit

$$\mathcal{P}_{n_i}(x) := \left(-w_1^{(n_i)}, -w_2^{(n_i)}, ..., -w_{n_i}^{(n_i)}, 1\right) \begin{pmatrix} 1 \\ x \\ x^2 \\ \vdots \\ x^{n_i} \end{pmatrix} .$$

Hiervon interessiert uns nur das letzte Element $\mathcal{P}_{n_s}$. Denn es gilt die für uns wichtige Beziehung

$$\gcd(P_1, P_2) = \frac{P_1}{A_n \mathcal{P}_{n_s}}$$

(greatest common divisor), wobei A_n der Koeffizient von x^n in P_1 ist.
Schreiben Sie ein Programm, welches den größten gemeinsamen Teiler zweier Polynome bestimmt. Nehmen Sie als Beispiel die folgenden zwei Polynome:

$$P_1 = x^5 - 6x^4 + 8x^3 + 2x^2 - x\ , \quad P_2 = x^4 - 10x^3 + 26x^2 - 14x - 11\ .$$

[Nach einer Vorlesung von J.R. Sendra (Alcalá) am RISC in Linz (1990) von R. Hecht und F. Schunck ausgearbeitet.]

Anhang B

Unterschiede zwischen Reduce 3.3 und Reduce 3.4

Im Handbuch zur neuen Reduce-Version 3.4 fehlt leider eine Auflistung der Veränderungen, die es seit Reduce 3.3 gegeben hat. Im folgenden sind all die Unterschiede aufgeführt, die uns entweder selbst aufgefallen sind oder sich durch einen Vergleich des alten und des neuen Handbuchs ergeben haben.

Ein Frage- oder Ausrufezeichen vor einem Operator- bzw. Schalternamen signalisiert, daß der entsprechende Operator/Schalter zwar nicht im Handbuch zu Reduce 3.3 erwähnt wird, aber dennoch in Reduce Systemen der Version 3.3 bekannt ist. Ein Fragezeichen deutet dabei auf den zweifelhaften Wert eines Operators hin. `ACOT`, `ACOTH`, `CSC` und `SEC` sind anscheinend als Operatoren *ohne* Eigenschaften vordefiniert; sie lassen sich weder integrieren/differenzieren, noch kennt Reduce numerische Auswertungsregeln für sie. Bonbons sind dagegen der `COTH`–Operator, der auch richtig integriert wird, und vor allem der `LCM`–Operator zur Bestimmung des kleinsten gemeinsamen Vielfachen zweier Polynome. Auch die Operatoren `CONJ`, `IMPART` und `REPART` sind bereits in Reduce 3.3 enthalten, arbeiten aber nur dann vernünftig, wenn der Schalter `COMPLEX` eingeschaltet ist. Hierin unterscheiden sich diese in Reduce 3.3 undokumentierten Operatoren von ihren Nachfolger in Reduce 3.4. Aber auch mit `ON COMPLEX` sind die Ergebnisse unterschiedlich von denen in Reduce 3.4. Mit `OFF ALGINT` kann auch in Reduce 3.3 ein dazugeladenes Algint–Paket abgeschaltet werden. Da sich diese Abweichungen vom Handbuch zu Reduce 3.3 auf allen uns zur Verfügung stehenden Reduce 3.3 Implementationen ergaben, gehen wir davon aus, daß es sich zwar um undokumentierte aber generell verfügbare Elemente von Reduce 3.3 handelt.

neue Operatoren:

	`acosd`	Arkuskosinus (Grad)
?	`acot`	Arkuskotangens
	`acotd`	Arkuskotangens (Grad)
?	`acoth`	Areakotangenshyperbolikus
	`acsc`	Arkuskosekans
	`acscd`	Arkuskosekans (Grad)
	`acsch`	Areakosekanshyperbolikus

	asec	Arkussekans
	asecd	Arkussekans (Grad)
	asech	Areasekanshyperbolikus
	asind	Arkussinus (Grad)
	atand	Arkustangens (Grad)
	atan2	ATAN2(*Gegenkathete, Ankathete*)
	atan2d	wie ATAN2 (Grad)
	cbrt	Kubikwurzel (engl. cubic root)
	ceiling	nächstgrößere ganze Zahl
	cofactor	ergibt den Kofaktor eines Matrixelementes einer quadratischen Matrix
!	conj	ergibt das konjugiert Komplexe des Arguments
	cosd	Kosinus (Grad)
	cotd	Kotangens (Grad)
!	coth	Kotangenshyperbolikus
?	csc	Kosekans
	cscd	Kosekans (Grad)
	csch	Kosekanshyperbolikus
	factorial	Fakultät
	fix	ergibt den ganzzahligen Teil des Arguments
	floor	nächstkleinere ganze Zahl
	hypot	Hypotenusenfunktion
!	impart	ergibt den den Imaginärteil des komplexen Arguments
	interpol	ergibt eine interpolierte Funktion bei gegeben Wertepaaren
!	lcm	ergibt das kleinste gemeinsame Vielfache zweier Polynome
	ln	Wie LOG, aber ohne Auswertungsregeln
	logb	Logarithmus zur Basis B (z.B. LOGB(9,3) ⇒ 2)
	log10	Logarithmus zur Basis 10
	mateigen	In Reduce 3.4 liefert der MATEIGEN-Operator ein Resultat, das sich von dem der Version 3.3 leicht unterscheidet (siehe Abschnitt 6.1).
	nextprime	nächstgrößere Primzahl
	nullspace	löst ein lineares Gleichungssystem
	pf	Partialbruchzerlegung (engl. partial fraction decomposition)
	primep	boolescher Operator; ergibt TRUE falls das Argument eine Primzahl ist
	rank	ergibt den Rang einer Matrix
	reduct	REDUCT(*Ausdruck, Variable*) gibt *Ausdruck* ohne den führenden Term in Bezug auf *Variable* zurück. In Reduce 3.3 lieferte REDUCT 0 zurück, wenn *Ausdruck* nicht von *Variable* abhängig war. In Reduce 3.4 wird in diesem Falle *Ausdruck* unverändert zurückgegeben.
!	repart	ergibt den Realteil des komplexen Arguments
	round	rundet auf die nächste ganze Zahl
?	sec	Sekans
	secd	Sekans (Grad)
	sech	Sekanshyperbolikus
	sind	Sinus (Grad)

`tand`	Tangens (Grad)
`where`	wird für die (ebenfalls neuen) Regel–Listen gebraucht (siehe Abschnitte 3.7 und 5.1)

neue Schalter:

`adjprec`	zum automatischen Anpassen der Gleitkomma–Genauigkeit
! `algint`	zum Aktivieren/Deaktivieren des `ALGINT`–Paketes
`bfspace`	Mit `OFF BFSPACE` werden Gleitkommazahlen ohne Zwischenräume dargestellt.
`evallhseqp`	Mit `ON EVALLHSEQP` werden beide Seiten einer Gleichung ausgewertet, nicht nur die rechte Seite.
`listargs`	Mit `ON LISTARGS` wird `LOG{A,B,C}` wie in Reduce 3.3 zu `LOG({A,B,C})` und nicht zu `{LOG(A),LOG(B),LOG(C)}` ausgewertet.
`multiplicities`	Mit `ON MULTIPLICITIES` wird `SOLVE` gezwungen *alle* Lösungen, auch doppelte, auszugeben.
`nosplit`	Normalerweise versucht Reduce, „natürliche“Stellen für einen Zeilenumbruch bei der Ausgabe längerer Terme zu finden. Um Zeit zu sparen, können Sie dies mit `OFF NOSPLIT` unterdrücken.
`roundbf`	Mit `ON ROUNDBF` können Sie Reduce zwingen, nicht die Gleitkomma–Arithmetik der zugrundeliegenden Hardware zu benutzen, sondern alle Berechnungen „selbst“ auszuführen.

Schalter, die es ab Reduce 3.4 nicht mehr gibt:

`bigfloat`	Ist aus Kompatibilitätsgründen noch erlaubt, wird intern aber in `ROUNDED` umgesetzt.
`float`	siehe `BIGFLOAT`
`heugcd`	heuristische Version von `GCD`
`numval`	Der Schalter `NUMVAL` wurde in Reduce 3.3 zusammen mit dem Schalter `FLOAT` benutzt um die numerische Auswertung von `SIN`, `COS` usw. zu erzwingen.
`reduced`	Mit `ON REDUCED` konnte Reduce 3.3 gezwungen werden, das Argument von `SQRT` so zu zerlegen, daß Faktoren als eigene Wurzel herausgezogen wurden — in Reduce 3.4 ist dies Standard.

Außerdem neu:

`clearrules`	zum Deaktivieren von globalen Regel-Listen
`decompose`	Mit `DECOMPOSE` kann man Polynome in einer oder mehreren Variablen in Unterausdrücke zerlegen. Es wird eine Liste mit einem Ausdruck und einer oder mehreren Gleichungen zurückgegeben, die es erlauben, das Ausgangspolynom zu rekonstruieren.

`load_package`	wie `LOAD`, jedoch mit zusätzlicher interner Buchhaltung über die geladenen Pakete.
`print_precision`	Sollen Gleitkomma–Ergebnisse mit weniger Stellen ausgegeben werden als durch `PRECISION` definiert ist, kann z.B. `PRINT_PRECISION 3;` benutzt werden.
Bezeichner	In Bezeichnern darf der Unterstrich _ jetzt ohne vorangehendes Fluchtzeichen benutzt werden.
Regel–Listen	Neue Form der Regel–Definition (siehe Abschnitte 3.7, 4.8 und 5.1 bis 5.4).

Anhang C

Weitere Informationen zu Reduce

Es gibt ein E-Mail-Reduce-Forum das für Reduce-Anwender aus aller Welt kostenlos offensteht. Wer Interesse hat, kann sich in eine „Mailing List“ eintragen lassen und bekommt dann via E-Mail regelmäßig Informationen zu Reduce. Wichtig ist auch die bereits erwähnte Network Library, über die viele Zusatzpakete zu Reduce auf jeweils aktuellem Stand erhältlich sind. Außerdem sind dort auch jeweils aktuelle Informationen zu Reduce erhältlich.

Um genauere Informationen zur Network Library zu bekommen, schicken Sie die Nachricht `help` an eine der Internet-Adressen *reduce-netlib@rand.org* , *reduce-netlib@can.nl* oder *redlib@elib.zib-berlin.de* .

Wenn Sie sich für das E-Mail-Reduce-Forum registrieren lassen wollen, oder weitergehende Informationen zu Reduce wünschen, können Sie sich auch an die folgende Adresse wenden:

Anthony C. Hearn
RAND
1700 Main Street
P.O. Box 2138
Santa Monica, CA 90407-2138, USA
Telephone: +1-310-393-0411 Ext. 6615
Facsimile: +1-310-393-4818
Electronic Mail: *hearn@rand.org*

C.1 Wo können Sie Reduce kaufen?

System Beschreibung	Vertrieb (zugrundeliegendes Lisp)
Systemunabhängige ANSI C Version	Codemist (CSL)
Systemunabhängige Common Lisp Version	Cologne; IBUKI
Acorn Archimedes	Codemist (CSL)
Atari ST	Codemist (CSL)
CDC Cyber 180 NOS/VE	Köln (PSL)
CDC Cyber 910	ZIB (PSL)
CDC 4000 series	ZIB (PSL)
Convex C100 und C200	ZIB (PSL)
Cray X-MP, Y-MP und 2	ZIB (PSL)
Data General AViiON series	ZIB (PSL)
DEC DECStation series 2000, 3000 und 5000	ZIB (PSL)
DEC VAX unter VAX/VMS oder Ultrix	ZIB (PSL)
Fujitsu M Mainframe Unix series	Forbs (CSL)
HP 9000/300 und 400 series	Forbs (CSL); ZIB (PSL)
HP 9000/700 series	Forbs (CSL); ZIB (PSL)
IBM-kompatible PCs (8088, 8086 und 80286)	CALCODE (UOLisp)
IBM-kompatible PCs (80286 mit Extended Memory)	Codemist (CSL)
IBM-kompatible PCs (80386 und 80486) unter MS-DOS	CALCODE (PSL); ZIB (PSL)
IBM-kompatible PCs (80386 und 80486) unter UNIX	ZIB (PSL)
IBM RISC System/6000	ZIB (PSL)
IBM System/370 architectures (z.B. 3090 series) unter AIX, MVS oder VM	Köln (PSL)
ICL mainframes unter VME	Codemist (CSL)
ICL DRS6000	Codemist (CSL)
MIPS und Kompatible	ZIB (PSL)
NEC EWS 4800 series	Forbs (CSL)
NEC PC-9801	B U G (Common Lisp)
Silicon Graphics IRIS	ZIB (PSL)
Sony NEWS	Forbs (CSL)
Stardent R2000	ZIB (PSL)
Sun 3	Forbs (CSL); ZIB (PSL)
Sun 386i	ZIB (PSL)
Sun 4, SPARCStation 1 und 2	Forbs (CSL); ZIB (PSL)

(Diese Liste erhebt keinerlei Anspruch auf Vollständigkeit)

B U G:

B U G, Inc.
31-33, Shimonopporo
Atsubetsu-ku
Sapporo 004, JAPAN
Telefon: +81-11-807-6666
Fax: +81-11-807-6645.

CALCODE:

CALCODE Systems
1057 Amoroso Place
Venice CA 90291, U.S.A.
Telefon: +1-310-399-7612
Fax: +1-310-399-7612 dann #3 nach Piepton
Electronic Mail: calcode%calcode.uucp@rand.org

Codemist:

Codemist Limited
„Alta“, Horsecombe Vale
Combe Down
Bath BA2 5QR, UNITED KINGDOM
Telefon: +44-225-837430
Fax: +44-225-826492.

Köln:

Universität zu Köln
Regionales Rechenzentrum
Andreas Strotmann
Robert-Koch-Strasse 10
5000 Köln 41
Telefon: +49-221-4785524
Fax: +49-221-4785590
Electronic Mail: reduce@rrz.uni-koeln.de

Forbs:

Forbs System Co. Ltd
Kannai JS Building
207 Yamasitachou
Naka-ku
Yokohama 231, JAPAN
Telefon: +81-45-212-5020
Fax: +81-45-212-5023.

IBUKI:

IBUKI
399 Main Street
PO Box 1627
Los Altos CA 94022, USA
Telefon: +1-415-961-4996
Fax: +1-415-961-8016
Electronic Mail: reduce@ibuki.com

ZIB:

Herbert Melenk
Konrad-Zuse-Zentrum für Informationstechnik Berlin (ZIB)
Heilbronner Str. 10
1000 Berlin 31
Telefon: +49-30-89604-195
Fax: +49-30-89604-125
Electronic Mail: melenk@sc.zib-berlin.de

Diese Informationen sind der Datei `INFO-PACKAGE` aus der Network Library entnommen. Um an die jeweils aktuelle Version dieser Datei zu kommen, schicken Sie einfach die Nachricht `send info-package` an an eine der Internet–Adressen *reduce-netlib@rand.org*, *reduce-netlib@can.nl* oder *redlib@elib.zib–berlin.de* .

C.2 Ausführungszeiten für den Reduce–Standardtest

Computer	CPU	Betriebssystem	Lisp	Zeit [s]
Atari STF	68000	TOS	Camb.	312.0
Atari STF	68000	TOS	CSL	168.0
CDC 4000 series 4680	MIPS 6000	Unix	PSL	1.30
Convex C200	Convex	Unix	PSL	4.82
Cray Y–MP C90	Cray	UNICOS	PSL	0.97
Cray Y–MP	Cray	UNICOS	PSL	1.10
Cray X–MP	Cray	UNICOS	PSL	1.28
DECstation 5000/200	MIPS 3000	ULTRIX	PSL	3.04
DECstation 3100	MIPS 2000	ULTRIX	PSL	5.34
DECstation 5800	MIPS 2000	ULTRIX	PSL	5.34
DEC VAX 9000–210	VAX	VMS	PSL	2.56
DEC VAX 8650	VAX	VMS	PSL	14.7
DEC VAX 8550	VAX	VMS	PSL	13.9
DEC VAX 8350	VAX	VMS	PSL	70.1
DEC VAX 6510	VAX	VMS	PSL	5.5
DEC VAXstation 3100	VAX	VMS	PSL	19.9
DEC MicroVAX II	VAX	ULTRIX	PSL	73.7
DataGeneral AViiON 400	MC88000	DG/UX	PSL	5.7
Fujitsu 2400	Fujitsu	UXPM	PSL	1.08
HLH Orion 1/05	Clipper	Unix	CSL	20.7
HLH Orion 1/05	Clipper	Unix	Camb.	30.12
HP 9000 340	68020	HP-UX	PSL	20.0
HP 9000 360	68030	HP-UX	PSL	13.3
HP 9000 375	68030	HP-UX	PSL	7.3
HP 9000 380	68040	HP-UX	PSL	4.7
HP 9000 400	68030	HP-UX	PSL	7.1
HP 9000 425	68040	HP-UX	PSL	4.7
HP 9000 720	HP/RISC	HP-UX	PSL	1.7
HP 9000 730	HP/RISC	HP-UX	PSL	1.22
HP 9000 845	HP/RISC	HP-UX	PSL	3.3
ICL–KCM	KCM	Sepia	CSL	20.7
IBM ES/9000 620	370	MVS/XA	PSL	2.13
IBM RS/6000 550	RISC	AIX	PSL	2.45
IBM RS/6000 540	RISC	AIX	PSL	3.7
IBM RS/6000 520	RISC	AIX	PSL	5.30
IBM RS/6000 320H	RISC	AIX	PSL	4.2
IBM 3084/Q	370	AIX/370	PSL	4.9
IBM 3084/Q	370	AIX/370	AKCL	10.75
NeXTstation	68040	Mach	PSL	5.83
PC	386SX 16 MHz	MS–DOS	PSL	62.4
PC	386DX 25 MHz	MS–DOS	PSL	26.2
PC	386DX 33 MHz	MS–DOS	PSL	11.6
PC	386DX 33 MHz	SCO/UNIX	PSL	12.3

Computer	CPU	Betriebssystem	Lisp	Zeit [*s*]
PC	486 25 MHz	MS–DOS	PSL	14.6
PC	486 33 MHz	MS–DOS	PSL	7.7
SGI IRIS 4D/310VGX	MIPS 3000	Unix	PSL	2.84
SGI IRIS 4D1 IP4	MIPS 2000	Unix	PSL	7.08
Siemens S400/40	Fujitsu	UXPM	PSL	1.08
Sun 3 280	68020	Sun/OS 4	PSL	15.1
Sun 3 60	68020	Sun/OS 4	PSL	18.9
Sun 386i	386	Sun/OS 4	PSL	19.6
Sun 4 390	SPARC	Sun/OS	AKCL	14.0
Sun 4 390	SPARC	Sun/OS	Allegro	13.9
Sun 4 260	SPARC	Sun/OS	PSL	5.4
SparcStation 1	Sparc	Sun/OS 4	PSL	5.4
SparcStation ELC	Sparc	Sun/OS 4	PSL	3.5
SparcStation 2	Sparc	Sun/OS 4	PSL	2.9

Anhang D

Literatur

Grundlegendes über CA-Systeme und ihre Algorithmen:

[1] B. Buchberger, G. E. Collins and R. Loos (eds.): „Computer Algebra. Symbolic and Algebraic Computation“. *Computing Supplementum 4*. Springer, Wien (1982).

[2] J. H. Davenport, Y. Siret and E. Tournier: „Computer Algebra. Systems and algorithms for algebraic computation“. Übersetzung aus dem Französischen. Academic Press, London (1988).

Jetziger Stand der CA und zukünftige Entwicklung:

[3] A. C. Hearn: „Future Directions for Research in Symbolic Computation“. Report of a Workshop on Symbolic and Algebraic Computation. A. Boyle and B. F. Caviness (eds.). SIAM, Philadelphia (1990).

[4] S. M. Watt (ed.): „ISSAC'91 — Proceedings of the 1991 International Symposium on Symbolic and Algebraic Computation. Bonn, July 1991“. ACM Press, New York (1991).

Vergleich verschiedener CA–Systeme:

[5] B. Fuchssteiner, W. Wiwianka und K. Hering (Hrsg.): „mathPAD“. Sonderausgabe zur Tagung der Deutschen Mathematiker-Vereinigung in Bielefeld. Vol.1, Heft 3, Universität Paderborn, September 1991.

[6] G. H. Gonnet und D. W. Gruntz: „Algebraic Manipulation Systems“. In *The Encyclopedia of Computer Science and Engineering.*, 3rd ed. A. Ralston and E. D. Reilly (eds.). Van Nostrand Reinhold, New York, to be published 1992.

[7] D. Harper, C. Wooff and D. Hodgkinson: „A Guide to Computer Algebra Systems“. Wiley, Chichester (1991).

[8] B. Kutzler, F. Lichtenberger und F. Winkler: „Softwaresysteme zur Formelmanipulation — Praktisches Arbeiten mit den Computer–Algebra–Systemen REDUCE, MACSYMA, DERIVE“. Expert Verlag, Ehningen bei Böblingen (1990).

Reduce – allgemeines –

[9] A. C. Hearn: „REDUCE User's Manual. Version 3.4“. Rand Publication CP78 (Rev.7/91). The Rand Corporation, Santa Monica, CA 90407–2138, USA (1991).

[10] M. A. H. MacCallum and F. J. Wright: „Algebraic Computing with REDUCE“. In *First Brazilian School on Computer Algebra, Vol.1,* M. J. Rebouças and W. L. Roque (eds.). Clarendon Press, Oxford (1991).

[11] J. D. McCrea: „Two Lectures on Reduce“. Department of Mathematical Physics, University College Dublin (May 1990).

[12] G. Rayna: „REDUCE. Software for Algebraic Computation“. Springer, New York (1987).

[13] W.–H. Steeb and D. Lewien: „Algorithms and Computation with Reduce“. Bibliographisches Institut, Mannheim (1992).

[14] V. Winkelmann and F. W. Hehl: „Reduce for Beginners. Six Lectures on the Application of Computer-Algebra“. In [70].

Reduce – spezielles –

[15] H. Caprasse: „Renormalisation Group, Function Iterations and Computer Algebra“. Journal of Symbolic Computation **9** (1990) 61–72.

[16] Chen Zhijiang, Kong Fanmei, Han Chunjie, and Zhao Xueqing: „A Reduce approach to one–dimensional polynomial anharmonic oscillators“. Preprint IC/90/202, International Centre for Theoretical Physics, Trieste (1990).

[17] G. Dautcourt, K.–P. Jann, E. Riemer and M. Riemer: „User's Guide to REDUCE Subroutines for Algebraic Computations in General Relativity“. Astronomische Nachrichten **102** (1981) 1–13.

[18] J. Fitch: „Solving Algebraic Problems with REDUCE“. Journal of Symbolic Computation **1** (1985) 211–227.

[19] V. G. Ganzha, E. V. Vorozhtsov und C. Zenger: „Stabilitätsuntersuchung von Differenzenverfahren mit Hilfe der Resultantenalgebra unter Verwendung des REDUCE–Systems“. Vorabdruck TUM–I9120, Institut für Informatik, TU München (1991).

[20] F. Lichtenberg: „REDUCE: Ein Beispiel eines Software–Systems für symbolisches und algebraisches Rechnen“. CAMP–Publ.–Nr. 81–11.0. Publikation des Instituts für Mathematik, Universität Linz (1981).

[21] J. D. McCrea: „The Use of REDUCE in Finding Exact Solutions of the Quadratic Poincaré Gauge Field Equations“. In *Classical General Relativity, Proceedings of the Conference on Classical (Non–quantum) General Relativity, London.* W. B. Bonnor et al. (eds). Cambridge University Press, Cambridge (1984) pp. 173–182.

[22] J. D. McCrea: „REDUCE in General Relativity and in Poincaré Gauge Theory“. In *Volume 2* of [67].

[23] H. Melenk: „GNUPLOT Interface for REDUCE“. TeX–Script. Erhältlich unter anderem bei der E–Mail–Adresse *melenk@sc.zib–berlin.de* .

[24] M. L. Sage: „An Algebraic Treatment of Quantum Vibrations Using REDUCE". Journal of Symbolic Computation **5** (1988) 377–384.

[25] R. Schöpf, P. Deuflhard: „OCCAL, a mixed symbolic–numeric Optimal Control CALculator". SC 91-13. ZIB, Berlin (Dezember 1991).

[26] E. Schrüfer, F. W. Hehl and J. D. McCrea: „Exterior Calculus on the Computer: The REDUCE–Package EXCALC Applied to General Relativity and to the Poincaré Gauge Theory". General Relativity and Gravitation Journal **19** (1987) 197–218.

[27] F. Schwarz: „Algebraische Rechnungen in REDUCE". Vorlesungsskript. Universität Kaiserslautern (1981/82).

[28] W. M. Seiler: „SUPERCALC – a REDUCE package for commutator calculations". Computer Physics Communications **66** (1991) 363–376.

[29] M. Warns: „Software Extensions of Reduce for Operator Calculus in Quantum Theory". Preprint Phys. Inst., University of Bonn (1990). Vgl. das Paket PHYSOP in der Reduce-Netzwerk-Bibliothek.

[30] T. Wolf and A. Brand: „The computer algebra package CRACK for investigating PDEs". Preprint School of Math. Sciences, Queen Mary and Westfield College, London (1992). To be presented at the ERCIM–School in Bonn (1992).

[31] T. Wolf: „The Integration of Under–determined Linear ODEs". Preprint School of Math. Sciences, Queen Mary and Westfield College, London (1991). Submitted to Journal of Symbolic Computation.

[32] T. Wolf: „The Symbolic Integration of Exact PDEs". Preprint School of Math. Sciences, Queen Mary and Westfield College, London (1991). Submitted to Journal of Symbolic Computation.

Weitere Literatur:

[33] T. Appelquist and S. J. Brodsky: „Order α^2 electrodynamic corrections to the Lamb shift". Physical Review Letters **24** (1979) 562.

[34] V. I. Arnol'd: „Gewöhnliche Differentialgleichungen". Übersetzung aus dem Russischen (Springer, Berlin/Heidelberg 1980) S. 268.

[35] P. Baekler, M. Gürses, F. W. Hehl and J. D. McCrea: „The exterior gravitational field of a charged spinning source in the Poincaré gauge theory...". Physics Letters **128A** (1988) 245.

[36] D. Bailin and A. Love: „Introduction to Gauge Field Theory". Adam Hilger, Bristol (1986).

[37] P. Bamberg and S. Sternberg: „A Course in Mathematics for Students of Physics". Vols. 1 & 2. Cambridge University Press, Cambridge (1990) p. 568.

[38] R. Berndt, A. Lock, G. Witte and Ch. Wöll: „Application of CA to surface lattice dynamics". In ISSAC'91 [4] p. 433.

[39] B. Buchberger und B. Kutzler: „Computer–Algebra für den Ingenieur". In *Rechnerorientierte Verfahren* von B. Buchberger et al. Teubner, Stuttgart (1986).

[40] B. Champagne, W. Hereman, and P. Winternitz: „The computer calculation of Lie point symmetries of large systems of differential equations". Computer Physics Communications **66** (1991) 319–340.

[41] R. E. Crandall: „Mathematica for the Sciences". Addison–Wesley, Redwood City (1991).

[42] J. Fleischer and O. V. Tarasov: „SHELL2: a package for the calculation of two-loop on-shell Feynman diagrams in FORM". Preprint University of Bielefeld (1992), submitted to Computer Physics Communications.

[43] V. G. Ganzha, B. Yu. Scobelev and E. V. Vorozhtsov: „Stability analysis of difference schemes by the catastrophe theory methods and by means of CA". In ISSAC'91 [4] p.427.

[44] J. Gasser and H. Leutwyler: „Chiral perturbation theory: Expansions in the mass of the strange quark". Nuclear Physics **B250** (1985) 465–516.

[45] F. W. Hehl, J. Lemke und E. W. Mielke: In „Geometry and Theoretical Physics", J. Debrus & A. C. Hirshfeld (Eds.). (Springer, Berlin 1991) p.56.

[46] F. W. Hehl und H. Meyer: „Mit Buchstaben auf dem Computer rechnen: Über die Anwendung der Computeralgebra in Mathematik, Naturwissenschaft und Technik". Physikalische Blätter **48** (1992) 377–381.

[47] F. W. Hehl und W.–T. Ni: „Inertial effects of a Dirac particle". Physical Review **D 42** (1990) 2045.

[48] H. K. Hodge: „Integer Arithmetic". Sigsmall/PC Notes (ACM Press) **15** (1989) 7–11.

[49] R. A. d'Inverno: „A Review of Algebraic Computing in General Relativity". In *General Relativity and Gravitation. One Hundred Years after the Birth of Einstein.* A. Held, (ed.) Volume 1. Plenum Press, New York (1980) pp. 491–537.

[50] P. E. Kenison: „A Proof of Hodge's Induction Formula". Sigsmall/PC Notes (ACM Press) **15** (1989) 33.

[51] L. Klingen (Hrsg.): „Computer im Unterricht — eine Zwischenbilanz". Tagungsband zum Internationalen Colloquium, September 1989, Bonn. Auf Anfrage erhältlich bei Dr. Leo Klingen, Billrothstr. 2, W–5300 Bonn 1.

[52] D. Kramer, H. Stephani, E. Herlt and M. MacCallum: „Exact Solutions of Einstein's Field Equations". Deutscher Verlag der Wissenschaften, Berlin (1980).

[53] A. Krasiński: „The program ORTOCARTAN for algebraic calculations in relativity — a new release". Preprint no 247, N. Copernikus Astronomical Center, Warsaw (1992).

[54] A. Khuen: „Use of a Symbolic Algebra Program in NMR" (Nuclear Magnetic Resonance). Mikrochimica Acta (Wien) **1986 II**, 303-312.

[55] S. A. Larin, F. V. Tkachov and J. A. M. Vermasern: „On $O(\alpha_S^3)$ QCD correction to the lowest moment of the longitudinal structure function in deep inelastic electron-nucleon scattering". Physics Letters **B272** (1991) 121–126.

[56] J. Lehmann: „Mathematik — von der Pflicht zur Kür". Aulis, Köln (1988).

[57] K. Y. Lin: „Exact solution of the convex polygon perimeter and area generating function". Journal of Physics **A25** (1991) 2411–2417.

[58] M. A. H. MacCallum: „Algebraic Computing in General Relativity". In *Classical General Relativity, Proceedings of the Conference on Classical (Non–quantum) General Relativity, London.* W. B. Bonnor et al. (eds). Cambridge University Press, Cambridge (1984) pp. 145–171.

[59] N. MacDonald: „Introducing physics students to symbolic computation". European Journal of Physics **12** (1991) 10–14.

[60] K. Mätzel und K. Nehrkorn: „Formelmanipulation mit dem Computer". Akademie–Verlag, Berlin (1985).

[61] F. Neiss und H. Liemann: „Determinanten und Matrizen". Springer, Berlin/Heidelberg (1975).

[62] J.F. Ogilvie: „Computer algebra in modern physics". Computers in Physics **3** (1989) 66–74.

[63] I. Ozsváth: „All homogeneous solutions of Einstein's vacuum field equations with a non vanishing cosmological term". In *Gravitation and Geometry,* W. Rindler and A. Trautman (eds.). Bibliopolis, Napoli (1987) pp. 309–340.

[64] R. Pavelle: „MACSYMA from F to G". Journal of Symbolic Computation **1** (1985) 69–100.

[65] R. Pavelle, M. Rothstein and J. Fitch: „Computer Algebra". Scientific American **245** (Dec. 1981) 136–152.

[66] C. Quigg: „Gauge Theories of the Strong, Weak, and Electromagnetic Interactions". Benjamin, Reading (1983) p. 196.

[67] M. J. Rebouças and W. L. Roque (eds.): *Lecture Notes from the First Brazilian School on Computer Algebra,* Volume 1, see [10], Volume 2 and 3 to be published. Clarendon Press, Oxford (1992).

[68] Scientific American (Feb. 1988) pp. 66–73.

[69] R. Sexl und H. K. Urbantke: „Gravitation und Kosmologie". Bibliographisches Institut, Mannheim (1987).

[70] D. Stauffer, F. W. Hehl, V. Winkelmann, and J. G. Zabolitzky: „Computer Simulation and Computer Algebra", 2nd ed. Springer, Berlin (1989).

[71] Time–Life Buch: „Die computerisierte Gesellschaft". Time–Life, Amsterdam (1988).

[72] A. E. M. van de Ven: „Two-Loop Quantum Gravity". DESY–Preprint 91-115. Hamburg (1991).

[73] J. A. M. Vermaseren: „Symbolic manipulation with FORM". Published by CAN (Computer Algebra Nederland), Kruislaan 413, 1098 SJ Amsterdam (1991), ISBN 90-74116-01-9.

[74] Vieweg Mathematik Lexikon. O. Kerner, J. Maurer, J. Steffens, T. Thode und R. Voller (Hrsg.) (Vieweg, Braunschweig 1988).

[75] T. Williams and C. Kelly: „GNUPLOT — An Interactive Plotting Program. Version 3.0". Electronically distributed by Free Software Foundation (1991).

[76] T. Wolf: „An Analytic Algorithm for Decoupling and Integrating Systems of Nonlinear Partial Differential Equations". Journal of Computational Physics **60** (1985) 437–446.

Karikaturen:

[77] Dr. Peter Scherer, Niehler Str. 351, W-5000 Köln 60.

Index

’ 12
( ) 11
** 12
* 10
+ 10
, 12
- 10
. 12, 46
/ 10
:= 12, 15, 69
: 11
; 11
<< >> 12
<= 12
< 11
=> 53
= 11
>= 12
> 11
$ 11
|_ (Excalc) 102
| 12
~ 11, 58
! 11, 13
" 12
(Excalc) 102
% 12
@ 12
@ (Excalc) 101, 102
^ 12
^ (Excalc) 101, 102
_| (Excalc) 102
_ 12
{ } 11

Ableitung 39
  Äußere 102
  höherer Ordnung 39
  Partielle 102
ABS 21
Abschlußzeichen 14
ACOS 21
ACOSD 21
ACOSH 21
ACOT 21
ACOTD 21
ACOTH 21
ACSC 21
ACSCD 21
ACSCH 21
Additionstheoreme
  für Winkelfunktionen 39
ALGINT 41
ALLFAC (Schalter) 76
AND 23
ANTISYMMETRIC 65
ANTISYMMETRIC (Excalc) 103
Anweisung 14
  bedingte 33
APPEND 45
ARRAY 30
ASEC 21
ASECD 21
ASECH 21
ASIN 21
ASIND 21
ASINH 21
ATAN 21
ATAND 21
ATANH 21
Äußere Ableitung 102
Äußere Differentialform 100
Äußeres Produkt 102
Ausgabe–Format 75
Auswertung 14, 24
AVEC (Avector) 88
AVECTOR (Zusatzpaket) 87
Axiom (CA–System) 3

Batch–Betrieb 6

bedingte Anweisung 33
Befehl 14
BEGIN 36
Bezeichner 13
  reservierter 13
BIGFLOAT (Schalter) 77
Binomialkoeffizienten 61
Blockanweisung 36
Boolesche Operatoren 50
BYE 7

Cartan–Kalkül 100
CBRT 21
Christoffel–Symbole 96
CLEAR 7, 25, 62
CLEARRULES 57, 63
COEFF 49
COEFFN 50
COFRAME (Excalc) 103
COLLECT 29
COMMENT 8
COMPLEX (Schalter) 77
Computer–Algebra 5
CONJ 70
CONS 46
contour (Gnuplot) 108
COS 21
COSD 21
COSH 21
COT 21
COTD 21
COTH 21
CPU–Zeit 17
CROSS (Avector) 88
CSC 21
CSCD 21
CSCH 21
CURL (Avector) 89

D (Excalc) 102
DEFINT (Avector) 90
DEFLINEINT (Avector) 90
DELSQ (Avector) 89
DEN 49
DEPEND 39
DEPEND (Avector) 89
Derive (CA–System) 3
DET 74
Determinante 74

DF 7, 39
DF (Avector) 90
DILOG 21
DISPLAY 16
DIV (Avector) 89
DIV (Schalter) 76
Divergenz 89
DO 26
Dollarzeichen 14
DOT (Avector) 88

E 13
ECHO (Schalter) 78, 80
Eigenvektoren 74
Eigenwerte 74
Einheitsvektor 89
Einstein–3–Form 105
ELSE 33
END 8, 36, 81
EQUAL 50
ERF 21
Ersetzungszeichen 53
EVENP 50
EXCALC (Zusatzpaket) 100
EXP 21
EXP (Schalter) 76
EXPINT 21
EZGCD (Schalter) 76

FACTOR 79
FACTORIAL 21, 58
Fakultät 58
FAMILY (Gnuplot) 111
FDOMAIN (Excalc) 101
Fehlermeldung 7
  selbsterzeugte 51
Feld 30
Feld löschen 63
Fibonacci–Folge 30
FIRST 45, 48
FIXP 50
FLOAT 21
FLOAT (Schalter) 77
Fluchtzeichen 11, 13
FOR 26
FOR ALL 62
FOR ALL SUCH THAT 62
FOR EACH 29
FORM (CA–System) 4

FORT (Schalter) 82
Fortran–Quellcode
    Ausgabe als 82
FRAME (Excalc) 103
FREEOF 50

Ganze Zahlen 12
Ganzzahl–Ausdruck 22
GCD (Schalter) 76
Gell–Mann–Matrizen 83
Genauigkeit 77
GEQ 50
GETCSYSTEM (Avector) 89
Gibbs'scher Vektorkalkül 86
Gleichungssystem
    lineares 47
Gleitkomma–Genauigkeit 77
Gleitkommazahl 12
globale Variablen 36
GNUPLOT–Interface (Zusatzpaket) 105
GOTO 36
GRAD (Avector) 89
Gradient 89
Grafikausgabe 105
GREATERP 50
Gruppenanweisung 35

Hankel–Matrix 119
Hodge–Stern–Operator 102
HYPOT 21

I 12, 13
IF 33
    ineinander geschachtelt 34
IF–ELSE 33
IMPART 70
IN 8
INDEXRANGE (Excalc) 102
Infix–Operatoren 19
Inneres Produkt 102
INPUT 16
INT 40
INT (Avector) 90
Integral
    bestimmtes 66
    unbestimmtes 40
Integration 40
Integrationskonstante 40

irreduzible Zerlegung eines dreistufigen Tensors 94

JOIN 29

Koeffizienten eines Polynoms 49
Kommentare 8, 12
Komplexe Zahl 12, 70
KORDER 79
Krümmungstensor 97
Kronecker–Symbol 93
Krummliniges Koordinatensystem 92
Kugelkoordinaten 89, 92, 103
Kurvenintegral 90

l'Hospitalsche Regel 5
    Prozedur für 68
Laplace–Operator 89
Legendre–Polynom 59
LENGTH 46, 73
LEQ 50
LESSP 50
LET 53, 57
Levi–Civita–Symbol 94
LHS 47, 48
Lie–Ableitung 102
lineares Gleichungssystem 47
LINEINT (Avector) 90
LINELENGTH 80
LIST (Schalter) 76
Liste 24, 45
LN 21
LOAD 41
LOAD_PACKAGE 41
LOG 21
LOG10 21
LOGB 21
Logischer Ausdruck 22
Logischer Operator 50
lokale Variable 36

Macsyma (CA–System) 3
Maple (CA–System) 3
MAT 71
MATEIGEN 74
Mathematica (CA–System) 3
MATRIX 71
Matrix 71
    –Multiplikation 72

inverse 72
Rang einer 74
Spur einer 74
SU(3)- 83
SU(5)- 118
transponierte 73
Matrix–Multiplikation 72
MAX 38
Maxwellsche Gleichungen 103
MCD (Schalter) 76
Metrik 31, 92
axialsymmetrisch 96
Kerr– 99
Minkowski– 93, 103
MIN 38
MULTIPLICITIES
* 48
MULTIPLICITIES (Schalter) 48
μ–Math (CA–System) 3

NAT (Schalter) 78, 80
Nenner 49
NEQ 50
NERO (Schalter) 78
Nichtkommutativität 64
NIL 13
nocontour (Gnuplot) 111
NODEPEND 40
NONCOM 64
NOT 23
NUM 49
NUMBERP 50
NUMVAL 21
NUMVAL (Schalter) 77

OFF 75
ON 75
OPERATOR 52
Operator 19
Boolescher 50
Infix– 19
löschen 64
nichtkommutativer 64
nichtsymmetrischer 64
Präfix– 19, 38
quantenmechanischer 65
selbstdefinierter 52
symmetrischer 64
OR 23
ORDER 78
ORTHOVEC (Zusatzpaket) 87
OUT 80
OUTPUT (Schalter) 78

p–Form 101
PART 45, 50
Partielle Ableitung 102
Partielle Differentiation 39, 101
Pauli–Matrizen 83
PFORM (Excalc) 101
PI 13
PLOT (Gnuplot) 106–108, 111
PLOTHEADER (Gnuplot) 106, 107, 111
PLOTRESET (Gnuplot) 107
Prädikat 50
Präfix–Operator 19, 38
PRECISION 77
PRIMEP 50
Primzahl 50
PROCEDURE 66
PRODUCT 27
Prozedur 66
parameterlose 67
rekursive 67
Abbruchbedingung 68
Punkt–Operator 46

RANK 74
RAT (Schalter) 79
RATARG 49
Rationale Zahl 12
RATPRI (Schalter) 78
REDERR 51
Reduce 3.3 (Änderungen) 2, 12, 13, 20, 21, 30, 41–43, 48, 51, 52, 55, 58, 62, 64, 65, 70, 75, 77, 85, 121
Reduce–Standardtest 17
Reduce–Zeichensatz 10
Reelle Zahl 12
Regel
ältere Form 55
für beliebige Argumente 58
interne Umordnung 54
löschen 63
mit Produkten 54
mit +, - oder / 54

rekursive 60
Abbruchbedingung 60
selbstdefinierte 53
Regel–Liste 42, 53
REMFAC 79
REPART 70
REPEAT 28
REST 45, 48
RETURN 36
REVERSE 46
RHS 47, 48
Ricci–Kalkül 86, 92
Riemann–Tensor 97
RIEMANNCONX (Excalc) 105
Rotation 89
ROUNDED (Schalter) 21, 76

SAC–2 (CA–System) 4
SAMPLES (Gnuplot) 108
SAVEAS 16
SCALAR 36
Schalter 75
default 76
Standardeinstellung 76
Schleife 26
Schleifenvariable 26
Schoonschip (CA–System) 4
Schrittgröße 26
Scratchpad II (CA–System) 3
SEC 21
SECD 21
SECH 21
SECOND 45, 48
Semikolon 6, 14
SET 69
set logscale (Gnuplot) 107
set nocontour (Gnuplot) 111
set nologscale (Gnuplot) 108
set samples (Gnuplot) 108
set terminal (Gnuplot) 106
show terminal (Gnuplot) 111
SHOWTIME 78
SHUT 80
SIN 21
SIND 21
SINH 21
Skalar–Ausdruck 22
SMP (CA–System) 3
SOLVE 47
SPACEDIM (Excalc) 103
SQRT 21
SUB 41
Substitution
lokale 41
SUM 27
SYMMETRIC 65
SYMMETRIC (Excalc) 103

T 13
TAN 21
TAND 21
TANH 21
TAYLOR 82
Taylor–Reihe 66
Tensor 31, 86, 93
Tensoranalysis 86, 92
THIRD 45, 48
Tilde 58
TIME (Schalter) 78
TP 73
TRACE 74
TRUE 13
TVECTOR (Excalc) 102

UFO's 46
Umkehrfunktion 48
Unbedingter Sprung 36
ungebundene Variable 22

VARDF (Excalc) 105
Variablen 13
globale 36
lokale 36
ungebundene 22
Variationsableitung 105
VEC (Avector) 88
Vektor
Eigen– 74
Einheits– 89
Vektoralgebra 87
Vektoranalysis 87
VMOD (Avector) 89
VOLINTEGRAL (Avector) 90
vollständige Induktion 15, 42
Volumenintegral 90

Weyl–Tensor 99

WHEN 58
WHERE 42, 57
WHILE 27
WRITE 51
WS 16
Zähler 49
Zusatzpakete 85
Zuweisung 15
  mit SET 69
Zylinderkoordinaten 89

Springer-Verlag und Umwelt

Als internationaler wissenschaftlicher Verlag sind wir uns unserer besonderen Verpflichtung der Umwelt gegenüber bewußt und beziehen umweltorientierte Grundsätze in Unternehmensentscheidungen mit ein.

Von unseren Geschäftspartnern (Druckereien, Papierfabriken, Verpackungsherstellern usw.) verlangen wir, daß sie sowohl beim Herstellungsprozeß selbst als auch beim Einsatz der zur Verwendung kommenden Materialien ökologische Gesichtspunkte berücksichtigen.

Das für dieses Buch verwendete Papier ist aus chlorfrei bzw. chlorarm hergestelltem Zellstoff gefertigt und im ph-Wert neutral.